COMPLAINT FREE RELATIONSHIPS 【不抱怨21天】 实践手册

正面思考，远离抱怨，好运就会发生。

戴上紫手环，接受21天的挑战，

改造你的人生，体验不抱怨的神奇力量！

从今天开始，养成不抱怨、不批评的快乐习惯，

为自己创造心想事成的无怨人生！

21天不抱怨实现表

我要在　　月　　日前，连续21天不抱怨

1. 开始戴上紫手环、挑战21天不抱怨时，你可以将册子里的表格复印放大，贴在你最容易看见的地方，随时提醒自己要努力完成这个目标。

2. 每当你做到一整天不抱怨，就在这一天的表格内打个勾、画个可爱的小图或贴张漂亮的贴纸作为记录，告诉自己，你又向21天不抱怨的理想迈进了一步。

3. 你可以在册子内随时写些鼓励自己的话、或是心中的感想与收获，让自己更有动力向前迈进。

4. 你也可以自己设计其他辅助的方法或工具，帮助自己顺利完成21天不抱怨的挑战！

紫手环的使用方法【不抱怨21天】

1.开始将手环戴在一只手腕上。

2.当你发现自己正在抱怨、讲闲话或批评时，就把手环移到另一只手上，返回第一天，重新开始。

3.如果听到其他戴紫手环的人在抱怨，你可以指出他们应该把手环移到另一只手上；但如果要做这种事，你自己要先移动手环！因为你在抱怨他们抱怨。

4.坚持下去。可能要花好几个月，你才能达到连续二十一天不换手、不抱怨的目标。平均的成功时间是四~八个月。

还有，放轻松一点。我们所谈的，只是被“说”出来的抱怨、批评和闲话。如果是从你嘴里说出来的就算，要重新来过；如果是用想的，那就没有关系。不过你会发现，就连抱怨的想法，也会在这样的过程中消失殆尽。

不抱怨21天实践表

第一天 The First Day

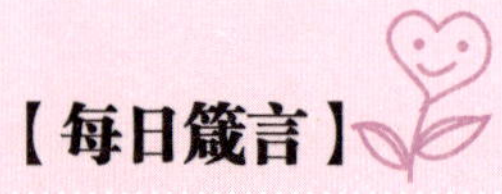

【每日箴言】

想看到世界改变，就先改变自己。

Ⅰ. 路过心上的故事：

有一位国王来到某个偏远的乡间旅行，因为路面崎岖不平，还有很多碎石头，刺得国王的脚又痛又麻。到了王宫后，他下了一道命令，要将国内所有的道路都铺上一层牛皮。他认为这样做，不只是为了他自己，还可造福他的人民，让大家走路不再受刺痛之苦。

但即使杀尽国内所有的牛，也筹措不到足够的牛皮，而所花费的金钱，动用的人力，更是不知几何。虽然根本做不到，甚至是愚蠢，但因为是国王的命令，大家也只能摇头叹息。

这时有一位聪明的仆人大胆向国王谏言："国王啊，为什么你要劳师动众，牺牲那么多的牛，花费那么多的金钱呢？您何不只用两片小小的牛皮包住您的双脚呢？"国王听了大吃一惊，但也当下领悟，于是立刻收回成命，采用这个仆人的建议。

想改变世界，很难；要改变自己则比较容易。与其改变全世界，不如先改变自己——"将自己的双脚包起来"。当自己改变以后，眼中的世界自然也就跟着改变了。

Ⅱ. 如何做更好的自己：

1.跳脱当下的一切，放大自己的视野。

2.试着从他人的角度思考，穿上对方的"鞋"，你才能真正了解他们的感觉。

3.不要刻意改变别人，要相信在每一个困境中，定有更好的解决方法。

Ⅲ. “不抱怨”思考题：

【反向】

……我们常常会面临这样的遭遇：

- 我做的一切都是为了他们好，但他们竟然丝毫不感激。
- 父母永远不会理解我、迁就我。
- 老板只想着达成业绩，根本不听我的任何解释。
- 客户的要求太过分了，且一点不愿意变通。
- 整个世界好像都在跟我作对，固执的人为什么那么多。

【正向】

……其实，只要转换心情，着眼于光明面，人生就会真的反转：

- 虽然不被理解，但付出总会有收获，我还锻炼了自己。
- 父母并非想控制我，他们只是急切地想实现心愿。
- 我该试着与老板沟通，让他知道我目前的难处，并看他有何建言。
- 是不是我误解了客户的期望，或许有更好的途径解决问题。
- 让所有人都理解自己太难了，所以还是先调节好自己的心态。

Ⅳ.与心对话：

每日一问：目前，你还处于“无意识的无能”阶段，回想即将过去的一天，你是否发现自己常常被愤怒、不满等情绪控制？你尝试了哪些方法去调试心态？

……………………………………………………………………………………

……………………………………………………………………………………

……………………………………………………………………………………

……………………………………………………………………………………

第二天 The Second Day

【每日箴言】

你什么时候放下，什么时候就没有烦恼。

Ⅰ. 路过心上的故事：

有这样一个古寺，寺里的老方丈养了一只狗，取名叫“放下”，于是每天早晚，老方丈都会拿着一只碗，喊：放下！放下！叫这只狗来吃饭。弟子很奇怪，就问他为什么给狗取了这么一个名字，方丈就对他说：“我每天早晚喊‘放下’来吃饭时，其实是在告诉自己‘放下’！‘放下’你的仇恨，‘放下’你的耿耿于怀，‘放下’你的忐忑，‘放下’你的抱怨。”

关于“放下”，还有另外的一个小故事。说的还是一个老和尚，带着一个小和尚下山去化缘，到了山脚，一条小河拦断去路，小桥因为年久失修不能通行，只能趟水过河。小和尚年纪太小，老和尚就把他背过了河，刚好还有一个年轻姑娘也要过河，于是老和尚又把年轻姑娘背过了河。师徒二人化缘归来，小和尚实在忍不住了，就对老和尚说：“师傅，您不是说男女授受不亲吗？那您怎么能背年轻姑娘过河呢？”老和尚说：“我是背了年轻姑娘过河，可是过了河我就把她放下了，你怎么到现在还没放下呢？”

Ⅱ. 如何做更好的自己：

1. 很多时候，与其说是别人让你痛苦，不如说自己的修养不够。

2. 如果你不给自己烦恼，别人永远不可能给你烦恼，只有放下，才能前进。

3. 当你心中充满怨愤、痛苦、抱怨，就永远身处沼泽，将它们清空，你才能接纳平和与喜乐。

Ⅲ. “不抱怨”思考题：

【反向】

……我们常常会面临这样的遭遇：

- 你们快把我逼疯了！
- 你知不知道自己在做什么？
- 这是谁教你的？你怎么能够那么敷衍！
- 我警告过你好多次了，但你怎么都改不了！
- 就因为你，我整个工作进度都被耽误了！

【正向】

……其实，只要转换心情，着眼于光明面，人生就会真的反转：

- 或许我们应该冷静下来，好好地谈一谈。
- 如果你是我，你应该怎么办呢？有没有好的建议？
- 虽然事情很糟糕，但我们一定能找到方法弥补的。
- 我们一起研究，看看问题到底出在哪里，好不好？
- 如果我完不成任务，结果肯定很难看，我们一起把进度往前赶赶吧。

Ⅳ.与心对话：

每日一问：这是不抱怨活动的第二天，要知道，你如果抱怨，就会遇到更多要抱怨的事，你相信自己具有更大的潜力，可以坚持下去吗？请将这一天的感想记录下来吧。

第三天 The Third Day

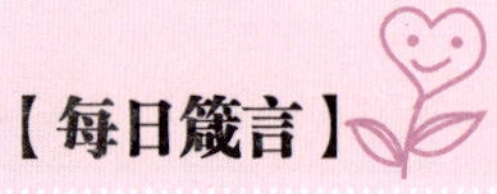

【每日箴言】

宽恕他人，才有疗愈的可能。

Ⅰ. 路过心上的故事：

这是经济大萧条时期的美国。曼莎小姐好不容易才找到一份在一家高级珠宝店当售货员的工作。在圣诞节的前一天，店里来了一位30岁左右的男顾客，他虽然穿着很整齐干净，看上去很有修养，但很明显，这也是一个遭受失业打击的不幸的人。这时，电话铃响了。曼莎去接电话，一不小心，将摆在柜台的盘子碰翻了；盘中有6枚精美绝伦的金耳环掉在了地上。曼莎慌忙弯腰去捡。可她捡回了5枚以后，却怎么也找不到第6枚。当她抬起头时，看到那位男子正向门口走去，顿时，她明白了那第6枚耳环在哪里。

当男子的手将要触及门把手时，曼莎柔声叫道："等一下，先生。"那男子转过身来，两个人相视无言，足足有一分钟。曼莎的心在狂跳不止，心想，他要是粗鲁我该怎么办？他会不会……"什么事？"他终于开口说道。曼莎极力控制住心跳，鼓足勇气，说道："先生，今天是我第一次上班，你知道，现在找份工作多么不容易，能不能……"男子用极不自然的眼光长久地审视着她，好一阵子，一丝微笑在他脸上浮现出来。他向她走去，并把手伸给她："我可以为你祝福吗？"紧紧地握完手后，他转身缓缓地走出店门。曼莎小姐目送着他的身影在门外消失，转身走回柜台，把手中的第六枚耳环放回原处。她的眼睛有些潮湿……

Ⅱ. 如何做更好的自己：

1.无论哪种伤痛，你必须与它们和平共处，因为它已经发生了，你无法改变过去已发生的事，只能"接受"它。

2. 理解，宽容，以人心打动人心。当你接受并宽恕不幸时，你创造了治愈和继续前进的可能性。

3. 许多人企图把伤痛归咎于别人，因而偏离了正轨。谴责别人，只会拖延治愈的时间，且更加难以治愈。

Ⅲ．“不抱怨”思考题：

【反向】

……我们常常会面临这样的遭遇：

- 别说我认识你，离我远一点！
- 我不想再听你的任何借口了！
- 不要管我，你自己都做不好，凭什么指责我？
- 你真不害臊，你会遭报应的！

【正向】

……其实，只要转换心情，着眼于光明面，人生就会真的反转：

- 想开点，谁都可能遇到这样的状况，不用管别人的眼光。
- 不要束手束脚的，既然情况已经这样了，我们就尽量把损失减到最小。
- 再给我一次机会，我可以做得更好。
- 我们都应该从自己身上找原因，如果确实是我错了，我会向你道歉。

Ⅳ.与心对话：

每日一问：很多人都习惯去注意伤害而喊“痛”，每次在抱怨前，先问问自己：我抱怨的事情真有那么严重吗？祝贺你成功地度过第三天，你有移动过手环吗？有何新的收获？

……………………………………………………………………………………………………

……………………………………………………………………………………………………

第四天 The Fourth Day

【每日箴言】

恶语如利刃，不管你说多少次对不起，伤口将永远存在。

Ⅰ. 路过心上的故事：

有一个男孩有着很坏的脾气，于是他的父亲就给了他一袋钉子；并且告诉他，每当他发脾气的时候，就钉一根钉子在后院的围篱上。第一天，这个男孩钉下了37根钉子。慢慢的每天钉下的数量减少了。他发现控制自己的脾气要比钉下那些钉子来得容易些。终于有一天，这个男孩再也不会失去耐性乱发脾气，他告诉他的父亲这件事，父亲告诉他，现在开始，每当他能控制自己脾气的时候，就拔出一根钉子。

一天天地过去了，最后男孩告诉他的父亲，他终于把所有钉子都拔出来了。父亲握着他的手来到后院说："你做得很好，我的好孩子。但是看看那些围篱上的洞，这些围篱将永远不能回复成从前的样子。你生气的时候说的话将像这些钉子一样留下疤痕。如果你拿刀子捅别人一刀，不管你说了多少次对不起，那个伤口将永远存在。"话语的伤痛就像真实的伤痛一样令人无法承受。人与人之间常常因为一些彼此无法释怀的坚持，而造成永远的伤害。帮别人开启一扇窗，也能让自己看到更完整的天空。

Ⅱ. 如何做更好的自己：

1.只有善于驾驭自己情绪和心态的人，才能获得平静、幸福和成功。

2.有研究表明，人精力很差时，往往心情也跟着暴躁，所以口出恶语时，最好深吸一口气，或者闭目养神一会儿，以平复情绪。

3.请你信赖的人帮助你，让他们发现你动怒时善意地提醒你，你接收到此类信号后，会试着反省，至少可以推迟动怒。

Ⅲ．“不抱怨”思考题：

【反向】

……我们常常会面临这样的遭遇：

- 跟你说了多少次不要你做，做又做不好。
- 好了，好了，知道，真罗嗦！
- 为什么你们永远犯同样的错误？
- 不行啦，我能力有限，你要是着急就自己上啊。
- 不关我事，你爱怎么折腾都成。

【正向】

……其实，只要转换心情，着眼于光明面，人生就会真的反转：

- 你人真好，不过这个我自己整理就好了。
- 我都清楚了，但现在手头有点事要处理，我们改天再聊好吗？
- 别着急，我们一起研究，看问题到底出在哪里。
- 不好意思，耽误你时间了，但我遇上麻烦了。
- 这个项目不是我负责，不过有需要的话，我可以帮忙试试。

Ⅳ.与心对话：

每日一问：鲜有人明白，自己抱怨的频率有多高，要知道，抱怨就好像口臭，从我们嘴里出来时，常常会充耳不闻。你有什么需要提点自己的吗？

……………………………………………………………………

……………………………………………………………………

……………………………………………………………………

……………………………………………………………………

第五天 The Fifth Day

【每日箴言】

试着接纳与你不同的人，甚至那些表面不如你健康、聪明、美丽的人。

Ⅰ. 路过心上的故事：

一个士兵从战场上凯旋，他从旧金山打电话给他的父母，告诉他们："爸妈，我回来了，可是我有个不情之请。我想带一个朋友同我一起回家。""当然好啊！"他们回答："我们会很高兴见到的。"不过儿子又继续说下去："可是他在战场上受了重伤，少了一条胳臂和一只脚，他现在走投无路，我想请他回来和我们一起生活。""儿子，我很遗憾，不过或许我们可以帮他找个安身之处。"父亲又接着说："像他这样残障的人会对我们的生活造成很大的负担。我建议你先回家然后忘了他，他会找到自己的一片天空的。"

听完这些，儿子挂上了电话，他的父母再也没有他的消息了。几天后，这对父母接到了来自旧金山警局的电话，告诉他们亲爱的儿子已经坠楼身亡。他们在警方带领之下到停尸间去辨认儿子的遗体。那的确是他们的儿子，但他只有一条胳臂和一条腿。

Ⅱ. 如何做更好的自己：

1.面对与你不同的观点和人时，要停止挑剔和责备，试着发现他们身上的闪光点。

2.正视缺陷和不完美，不要害怕和逃避它，要设身处地地考虑问题，设想如果自己某天遇到同样的困境，对方会不会也能伸出援手。

3.渴望被爱、被接纳、被欣赏，这是人与生俱来的需求，你只有善于接纳，才会懂得欣赏。

Ⅲ. “不抱怨”思考题：

【反向】

……我们常常会面临这样的遭遇：

- 你就不能把屋子收拾一下吗？真受不了你。
- 我可不愿意与他呆在一个组里，还得花精力手把手教他。
- 就他那笨手笨脚的样子，跟他凑一块都觉得丢人。
- 我现在很忙，不想听你说这些废话。
- 为什么要我帮他，得不到半点好处！

【正向】

……其实，只要转换心情，着眼于光明面，人生就会真的反转：

- 屋子好像太乱了，你有空的话，就帮忙收拾一下吧。
- 恩，我可以试着带他一段时间，尽力让他早点上手，这样大家的负担都能减轻些。
- 他大概是遇上麻烦了，我去看看能不能帮着解决下。
- 咱们花几分钟，把重要的事情先沟通一下吧。
- 我不能只计较眼前的得失，说不定哪天遇到困难，他也愿意帮忙的。

Ⅳ.与心对话：

每日一问：进入“无意识的无能”的最后一个阶段，你有没有察觉自己变得更快乐了？改变言语，改变思维，你就能改变自己的人生，将自己的进步记录下来吧。

……………………………………………………

……………………………………………………

……………………………………………………

……………………………………………………

第六天 The Sixth Day

【每日箴言】

那个一再惹怒你的人，绝不会因为你的斥责而改变他的航向。

Ⅰ. 路过心上的故事：

有一个年轻的农夫，划着小船，给另一个村子的居民运送自家的农产品。那天的天气酷热难耐，农夫汗流浃背，苦不堪言。他心急火燎地划着小船，希望赶紧完成运送任务，以便在天黑之前返回家中。突然，农夫发现，前面有一只小船，沿河而下，迎面向自己快速驶来。

“让开，快点让开！你这个白痴！”农夫大声地向对面的船吼叫道：“再不让开你就要撞上我了！”但农夫的吼叫完全没用，尽管他手忙脚乱地企图让开水道，但为时已晚，那只船还是重重地撞上了他的船。农夫被激怒了，他厉声斥责道：“你会不会驾船，这么宽的河面，你竟然撞到了我的船！”当农夫怒目审视对方的小船时，他吃惊地发现，小船上空无一人。听他大呼小叫、厉声斥骂的只是一只挣脱了绳索、顺河漂流的空船。在多数情况下，当你责难、怒吼的时候，你的听众或许只是一只空船。

Ⅱ. 如何做更好的自己：

1.找出促使你愤怒的诱饵，暗示自己不要上当，要学着管理自己的愤怒，不要立即发火。

2.试着看看愤怒背后，到底隐藏着什么未被满足的需求，找到它，然后一步步去实现。

3.在已知上司、客户或朋友不是很能接受的情况下，提前预想场景，筹谋对策，在事情真正发生时，才能应对自如。

Ⅲ. “不抱怨”思考题：

【反向】

……我们常常会面临这样的遭遇：

- 天啊，主管说话实在太刻薄了！
- 难道你天生就不懂得怎么尊重人吗？
- 服务员，上菜还能再慢一点吗？再这样我就走人了！
- 你会不会说话啊？怪不得只配拿这么点钱。
- 烦死了，一件接一件的破事。

【正向】

……其实，只要转换心情，着眼于光明面，人生就会真的反转：

- 真的有必要生气吗？
- 我是不会掉入愤怒这个圈套的！
- 要冷静，要冷静，想想应该怎么更好地解决。
- 生气对目前这个状况于事无补。
- 这不是针对我个人，我很清楚。

Ⅳ.与心对话：

每日一问：现在你已进入“有意识的无能”阶段，你可能对自己经常抱怨有所觉察，只有杜绝抱怨，才会有健康的沟通。你今天抱怨了吗？你是否打算将取得的成果与最爱的人分享？

…………………………………………………………………………………………

…………………………………………………………………………………………

…………………………………………………………………………………………

…………………………………………………………………………………………

第七天 The Seventh Day

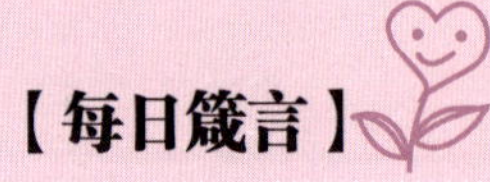

【每日箴言】

不要抱怨世界怎样，关键在于自己本身。

Ⅰ. 路过心上的故事：

礼拜六上午，一位牧师正在苦思明天的布道辞，妻子出去购物，淘气的儿子在旁边搅得他心烦意乱。他实在不知该如何让儿子安静下来，忽然看见身旁的一本杂志，灵机一动，扯下了封面，这是一张背面是人像的世界地图。他把它撕成了很多块，然后交给淘气的儿子，让他到一边把已成碎片的世界重新拼接好，允诺如果拼好了就给他一美元。父亲以为这件事足够儿子忙乎一阵子了，可是才不过十分钟，就响起了敲门声。儿子站在书房门口，手里拿着的正是他用碎片拼起来的世界地图！

父亲惊异于孩子的速度，问他是如何在这么短的时间内完成的。儿子很是得意："我先按人像来拼碎片；然后翻过来就是地图了。只要'人'好了，'世界'也就好了。"父亲心中一动，把一美元给了孩子，说："儿子，感谢你的提醒，你使我想好了明天的布道辞：只要人好了，世界也就好了。"

Ⅱ. 如何做更好的自己：

1.将你的注意力倾注在你想要的事情上，而不是相反，要用积极的方式陈述你的愿望。

2.世界接收到你发送的频率，会做出相应的回馈，一旦你用积极的思想替代了消极的思想，事情就会朝好的方向发展，你就开始拥有积极的结果。

3.不要只关注我们生活中出现了多少麻烦，而是要设想越来越多的好事即将降临。

Ⅲ. “不抱怨”思考题：

【反向】

……我们常常会面临这样的遭遇：

- 孩子老是生病，真让人烦躁。
- 我以前的女朋友比你乖巧多了！
- 你别这样行不行？有问题就直说，干吗摆臭脸！
- 都怪你，怎么什么都不会！
- 你看看人家，比你做得好多了！

【正向】

……其实，只要转换心情，着眼于光明面，人生就会真的反转：

- 病会好起来的，小孩多操点心是难免的。
- 嗨，我们应该谈谈，看为什么老是这样争吵。
- 是我脾气不太好，刚才的事，很抱歉。
- 着急不能解决问题，你稍微歇一下，重新试试效果会更好。
- 即便暂时不能成功，那也没关系，因为我们还有很多东西要学。

IV.与心对话：

每日一问：觉得别人经常在抱怨，是因为你也一样，要想指责别人，你最好自我挖掘看看，自己是否也有同样的缺点。然后心怀感恩，庆幸自己有机会，能够发现并进行疗愈，你有这样做过吗？

……………………………………………………………………………………

……………………………………………………………………………………

……………………………………………………………………………………

第八天 The Eighth Day

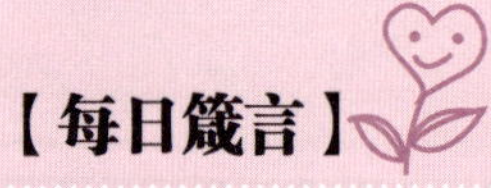

【每日箴言】

愤怒是会传染的，即便遇上不顺心的事，也要保持微笑。

Ⅰ.路过心上的故事：

那天，我站在一个珠宝店的柜台前，把一个装着几本书的包放在旁边。在我挑选珠宝时，一个衣着讲究、仪表堂堂的男士也过来看珠宝，我礼貌地把我的包移开。但这个人却愤怒地瞪着我，告诉我他是个正人君子，绝对无意偷我的包。他觉得他受到了侮辱，走出了珠宝店，重重地把门摔上。“哼，神经病。”莫名其妙地被人这么嚷了一通，我也很生气，也没心思看珠宝了，出门开车回家。马路上的车像一条巨大而蠢笨的毛毛虫，缓慢地蠕动。看着前后左右的车我就生气：哪来这么多车；哪来这么多臭司机，简直就不会开车；那家伙开这么快，不要命了；这家伙开这么慢，怎么学的车，真该扣他教练奖金！

后来我与一辆大型卡车同时到达一个交叉路口，我想：“这家伙仗着他的车大，一定会冲过去。”当我下意识地准备减速让行时，卡车却先慢了下来，司机将头伸出窗外，向我招招手，示意我先过去，脸上挂着一个开朗、愉快的微笑。在我将车子开过路口时，满腔的不愉快突然无影无踪。

珠宝店中的男士不知道从哪里接受了愤怒，又把这种坏情绪传染给我，带上这种情绪，我眼中的世界都充满了敌意。每件事，每个人都在和我作对。直到看到卡车司机灿烂的笑容，他用好心情消除了我的敌意，才有了快乐的心情。所以，别人冲你生气，是因为他有气，而不完全是你的错。如果都能感染微笑而消除敌意，世界该有多美好。

Ⅱ. 如何做更好的自己：

1.做个深呼吸，从一数到十，然后再看看事情是否真值得大动肝火。

2.必须尊重每个人的不同选择，不要把自己的观点，强加到别人头上。

3.问一下自己，三个小时、三天、三个月后，自己还会一样的愤怒吗？如果不会，立即放下它。

Ⅲ. “不抱怨”思考题：

【反向】

……我们常常会面临这样的遭遇：

- 只要他肯对我好一点，我就不会那么气了！
- 为什么你的要求那么多？我又不是神！
- 不就仗着自己有几个臭钱吗？显摆什么呀！
- 这些人，一看就不是什么好东西！

【正向】

……其实，只要转换心情，着眼于光明面，人生就会真的反转：

- 这真是值得我生气的一件大事吗？
- 我不能单凭这次的行为表现来评断他的对错。
- 我必须接受人有“错”的权利，或许他也不是故意的。
- 如果我选择不生气，就没有必要生气。

Ⅳ.与心对话：

每日一问：想要别人改变，你就得以身作则。要想减少抱怨，除非从自己先开始，否则不会有效，你准备把这种良善的影响力，扩散给朋友和家人吗？

……………………………………………………………………………………

……………………………………………………………………………………

第九天 The Ninth Day

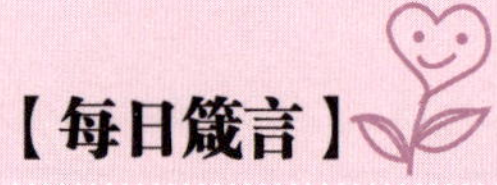

温暖地待人，你才会得到意想不到的惊喜结果。

Ⅰ. 路过心上的故事：

有个男孩养了只小乌龟。在一个寒冷的冬天，小男孩想让这只乌龟探出头来，用尽了他所能想到的所有办法，却怎么也未能如愿。他试着用手去拍打它，用棍子去敲击它……但任凭他怎么拍、怎么敲，乌龟就是连动也不动，气得他整天噘着那张小嘴，显得很不开心。

后来，他的祖父看到了，笑了一笑，帮他把那只乌龟放到了一个暖炉上面。过了一会，小乌龟便因温暖渐渐地把头、四肢和尾巴伸出了壳外。男孩见此开心地笑了。他的祖父对小男孩说：“当你想要让别人按照你的意思去做，去改变时，记住不要采取攻击的方式，而要给予他关怀和温暖，这样的方法往往更加有效。”

Ⅱ. 如何做更好的自己：

1.爱最重要的体现形式，就是关注。我们爱某个人，一定会关注对方，进而帮助对方成长。

2.如果你要得到爱，你就得先去付出爱。而你给的越多，你得到就越多。

3.一句问候的话语、一个礼物、一通电话、一封信……任何用以展现你关心的形式，最后都会以不同的方式回到你身上。

Ⅲ. “不抱怨”思考题：

【反向】

……我们常常会面临这样的遭遇：

- 帮助他真的是浪费时间又浪费精力！
- 我为什么要对他那么好，他肯定不会感激的！
- 凭什么要我先这样做！难道他就不懂得善意待人么？
- 还是算了，帮了他，指不定哪天他就升职成了我的上司。
- 万一帮了他还被反咬一口怎么办？

【正向】

……其实，只要转换心情，着眼于光明面，人生就会真的反转：

- 他需要我，就这样甩手走开是不对的。
- 说一些友善或鼓励的话，也不比批评一顿来得费力。
- 我在害怕什么？难道我在付出之前就已经计算会得到多少回馈。
- 无所求的给予，会让我获得更多满足和快乐。
- 爱的秘密处方就是，永远专注在我能给予什么，以代替我能得到什么。

Ⅳ.与心对话：

每日一问：即将跨入“有意识的无能”的最后一个阶段，你觉得身边都是一群爱发牢骚、怨声载道的人吗？你会说自己最常相处的人都在抱怨吗？如果是，那你的紫手环怎么样了呢？

……………………………………………………………………………………

……………………………………………………………………………………

……………………………………………………………………………………

……………………………………………………………………………………

第十天 The Tenth Day

【每日箴言】

社会是有规则的，我们应该调整自己，去适应这个不断变化的世界。

Ⅰ. 路过心上的故事：

有个人在社会上总是落魄，不得志，于是就去找禅师寻求解脱的妙策。禅师沉思良久，默然舀起一瓢水，问："这水是什么形状？"这人摇头："水哪有什么形状？"禅师不答，只是把水倒入杯子，这人恍然大悟似的说："我知道了，水的形状像杯子。"禅师没有回答，又把杯子中的水倒入旁边的花瓶，这人又说："我又知道了，水的形状像花瓶。"禅师摇头，轻轻提起花瓶，把水倒入一个盛满沙土的盆。清清的水便一下溶入沙土，不见了。

这人陷入了沉思。禅师俯身抓起一把沙土，叹道："看，水就这么消逝了，这也是一生！"

这个人对禅师的话咀嚼良久，高兴地说："我知道了，您是通过水告诉我，社会处处像一个个的容器，人应该像水一样，盛进什么容器就是什么形状。而且，人还极可能在容器中消逝，就像这水一样，消逝得无影无踪，而且一切无法改变！"故事中，禅师对那个人的启发，归根结底就是要让他明白：社会是有规则的，或者说是以固定的形态出现的，但是人却是可以随时改变形态以适应社会的，说得更简单一些就是要善于改变自己。

Ⅱ. 如何做更好的自己：

1. 面对突发状况，一个最简单的方法：保持微笑。

2. 知道自己要干什么。给自己定目标，三天、三个星期、三个月、三年，也许自己出生不如别人好，但通过努力，还有百分之七十的机会改变命运。

3. 在你成功之前，可能没人会在乎你的尊严。面对失败，不要太计较。要懂得适应这个社会的规则。

Ⅲ. “不抱怨”思考题：

【反向】

……我们常常会面临这样的遭遇：

· 我实在太软弱了，怎么可以妥协！

· 我明明做得比他好，他凭什么批评我。

· 上司这么吹毛求疵，真让人不得安宁。

【正向】

……其实，只要转换心情，着眼于光明面，人生就会真的反转：

· 或许我应该学着有勇气地认输。

· 他身上有很多我值得借鉴的地方，下一次我一定会做得更好。

· 大家只是为了更好地完成任务，他只是不太注意表达的方式而已。

Ⅳ. 与心对话：

每日一问：给自己时间，别害怕重新开始。当你说出来的怨言越来越少，心里堆积的怨气也会越来越少，你愿意将这份善心传递给其他的人吗？

……………………………………………………………………………………

……………………………………………………………………………………

……………………………………………………………………………………

……………………………………………………………………………………

……………………………………………………………………………………

第十一天 The Eleventh Day

【每日箴言】

想要从人生“枯井”脱困的秘诀就是：将“泥沙”抖落掉，然后站到上面去！

Ⅰ. 路过心上的故事：

有一天某个农夫的一头驴子，不小心掉进一口枯井里，农夫绞尽脑汁想办法救出驴子，但几个小时过去了，驴子还在井里痛苦地哀嚎着。最后，这位农夫决定放弃，他想这头驴子年纪大了，不值得大费周章去把它救出来，不过无论如何，这口井还是得填起来。于是农夫便请来左邻右舍帮忙一起将井中的驴子埋了，以免除它的痛苦。农夫的邻居们人手一把铲子，开始将泥土铲进枯井中。当这头驴子了解到自己的处境时，刚开始哭得很凄惨。但出人意料的是，一会儿之后这头驴子就安静下来了。农夫好奇地探头往井底一看，出现在眼前的景象令他大吃一惊：当铲进井里的泥土落在驴子的背上时，驴子的反应令人称奇——它将泥土抖落在一旁，然后站到泥土堆上面！就这样，驴子将大家铲倒在它身上的泥土全数抖落在井底，然后再站上去。很快，这只驴子便得意地上升到井口，然后在众人惊讶的表情中快步跑开了！

Ⅱ. 如何做更好的自己：

1. 世上的人与物都一样，如果你认定自己是一块不起眼的陋石，不去变通，那么你可能永远卖不出宝石的价。

2. 每天都要尝试更好的方法，把失败转化为挑战，把精力放在能实现你梦想的目标上。

3. 不要害怕困难出现，正因为这些困难，你才会有机会实现更大的愿景。

Ⅲ. “不抱怨”思考题：

【反向】

……我们常常会面临这样的遭遇：

- 与不近人情、苛刻的人交谈，实在太让人崩溃。
- 我肯定做不好的，与其到时候丢人，还不如现在放弃的好。
- 真让人害怕，对手太强了，我根本没机会成功的。
- 时间太急了，任务又那么重，这不是害死人吗?
- 即便我再努力，老板也看不到我的长处。

【正向】

……其实，只要转换心情，着眼于光明面，人生就会真的反转：

- 我可以试着换种表达方式，维护自己的权利是最重要的。
- 不试的话，我永远不能实现自己的目标。
- 真正的对手是我的老师，我在完成对自己的超越。
- 把任务分派下去，或者争取更多的时间，一定还有解决的方法。
- 机会是靠自己争取的，我应该定期做个汇报，让上司知道我的工作进度。

Ⅳ.与心对话：

每日一问：恭喜你进入“有意识的有能”这一阶段，你移动紫手环的频率越来越少，因为你出口的话越来越谨慎。在这个过程中，你仍会感觉不自在吗?

………………………………………………………………………………………

………………………………………………………………………………………

………………………………………………………………………………………

………………………………………………………………………………………

………………………………………………………………………………………

第十二天 The Twelfth Day

【每日箴言】

上天是最公平的，每个看似强大的人，背后都历经了诸多磨难。

Ⅰ. 路过心上的故事：

有一天，素有森林之王之称的狮子，来到了天神面前：“每天鸡鸣的时候，我总是会被鸡鸣声给吓醒。神啊！祈求您，再赐给我一个力量，让我不再被鸡鸣声给吓醒吧！”天神笑道：“你去找大象吧，它会给你一个满意的答复的。”

狮子兴匆匆地跑到湖边找大象，还没见到大象，就听到大象跺脚所发出的砰砰响声。狮子加速跑向大象，冲到它跟前问道：“你干吗发这么大的脾气？”大象拼命摇晃着大耳朵，吼着：“有只讨厌的小蚊子，总想钻进我的耳朵里，害我都快痒死了。”狮子离开了大象，心里暗自想着：“原来体型这么巨大的大象，还会怕那么瘦小的蚊子，那我还有什么好抱怨呢？毕竟鸡鸣也不过一天一次，而蚊子却是无时无刻地骚扰着大象。这样想来，我可比他幸运多了。”

Ⅱ. 如何做更好的自己：

1.不要花太多时间自怜自艾，你得往前走，才能履行生命计划中的种种目的。

2.遭受障碍的人，会变得更深沉、更多彩、更丰盛，感谢那些折磨你的人，是他们让你变得逐渐强大。

3.成长的过程恰似蝴蝶的破茧过程，当你从痛苦中走出来时，就会发现，你已经拥有了飞翔的力量。

Ⅲ．“不抱怨”思考题：

【反向】

……我们常常会面临这样的遭遇：

- 我真的应付不了！
- 我是一个彻底的失败者！
- 简直糟透了，我坚持不下去了！
- 真的没有任何希望，连上天都在刁难我！
- 我得不到任何帮助，没有人肯伸出援手。

【正向】

……其实，只要转换心情，着眼于光明面，人生就会真的反转：

- 慢慢等待，一切都会好起来的。
- 我之前已经快接近成功了，这次只是运气不太好，认输未免太早了。
- 一切自由和轻快的东西，都是用极大的忍耐而得到的，这世界哪有不劳而获。
- 每个困境都有其存在的正面价值，得感谢这次磨练，它是在拓展我生命的厚度。
- 为什么别人不肯帮助我，肯定是我之前太小气了，对于他人的请求，常常置之不理。

Ⅳ.与心对话：

每日一问：紫手环会让我们同心协力，当我们抱怨时，可以彼此提醒以找出更好的解决方法，你曾进行这样的尝试吗？

……………………………………………………………………………………

……………………………………………………………………………………

……………………………………………………………………………………

……………………………………………………………………………………

……………………………………………………………………………………

第十三天 The Thirteenth Day

【每日箴言】

乐观者在每次危难中都看到了机会，而悲观的人在每个机会中都看到了危难。

Ⅰ. 路过心上的故事：

父亲欲对一对孪生兄弟做“性格改造”，因为其中一个过分乐观，而另一个则过分悲观。一天，他买了许多色泽鲜艳的新玩具给悲观孩子，又把乐观孩子送进了一间堆满马粪的车房里。第二天清晨，父亲看到悲观孩子正泣不成声，便问：“为什么不玩那些玩具呢？”“玩了就会坏的。”孩子仍在哭泣。父亲叹了口气，走进车房，却发现另一个孩子正兴高采烈地在马粪里掏着什么。“告诉你，爸爸。”那孩子得意洋洋地向父亲宣称，“我想马粪堆里一定还藏着一匹小马呢！”

乐观者与悲观者之间，其差别是很有趣的：乐观者看到的是油炸圈饼，悲观者看到的是一个窟窿。

Ⅱ. 如何做更好的自己：

1.关注你自己和他人的优点，做你爱做的事情，并对它们充满热情，新的机会，总会以一种令人惊讶的方式展现出来。

2.如果你真的想要，你就可以拥有；如果你坚持目标和理想，并完成你计划的所有事情，那么你就会成为你想成为的人。

3.视觉化你想得到的生活，从列清单开始，找出让你最快乐的事情，远离消极的想法，因为悲观的人无法成功。

Ⅲ. “不抱怨”思考题：

【反向】

……我们常常会面临这样的遭遇：

- 怎么老这么倒霉！
- 我家庭条件那么差，再努力也没什么用。
- 想得到的方法都试过了，一无所获。
- 同事肯定会找我麻烦，这一点都不意外。
- 朋友只想着我能给他什么帮助，真是太自私了。

【正向】

……其实，只要转换心情，着眼于光明面，人生就会真的反转：

- 我应该换种思路，跳脱消极情绪的圈套。
- 因为条件不好，我应该比别人更努力。
- 或许一开始就错了，我得试试其他方法。
- 同事跟我过不去，一定是某些利益上有冲突，我应该提醒自己不要踩雷区。
- 帮助朋友也是在提升自己，得分清他们是不是真的遇到了难处。

Ⅳ.与心对话：

每日一问：你可以好好表达自己的期许，而不需要抱怨现况，来获取你想要的结果。你应该从更高层次来思量问题，看着它被解决，你取得这样的进展了吗？又是如何做到的呢？

……………………………………………………………………………………

……………………………………………………………………………………

……………………………………………………………………………………

……………………………………………………………………………………

第十四天 The Fourteenth Day

【每日箴言】

人生中的打击究竟会对你产生怎样的影响，最终决定权在你手中。

Ⅰ. 路过心上的故事：

祖父用纸给我做过一条长龙。长龙腹腔的空隙仅仅只能容纳几只蝗虫，投放进去，它们都在里面死了，无一幸免！

祖父说："蝗虫性子太躁，除了挣扎，它们没想过用嘴巴去咬破长龙，也不知道一直向前可以从另一端爬出来。因而，尽管它有铁钳般的嘴壳和锯齿一般的大腿，也无济于事。"当祖父把几只同样大小的青虫从龙头放进去，然后关上龙头，奇迹出现了，仅仅几分钟，小青虫们就一一从龙尾爬了出来。

命运一直藏匿在我们的思想里。许多人走不出人生各个不同阶段或大或小的阴影，并非因为他们天生的个人条件比别人差多远，而是因为他们没有想过要将阴影纸龙咬破，也没有耐心慢慢地找准一个方向，一步步地向前，直到眼前出现新的洞天。

Ⅱ. 如何做更好的自己：

1.经常问自己：我有什么天分？做什么事情最能让我有成就感？生活中什么东西能给我带来最大的快乐？

2.认真地思考，我想要什么样的生活？我们很擅长记忆并强化我们没做好的事情，以及我们抱怨的事情，这样就永远走不出阴霾。

3.明确目标会给你惊人的力量，因为这个世界在期待我们的贡献。

Ⅲ．“不抱怨”思考题：

【反向】

……我们常常会面临这样的遭遇：

- 他一定会拒绝我的请求。
- 我试了那么多次都失败了，这次也不会成功的。
- 没有人会看得起我！
- 都是他们的错！
- 大不了辞退我，反正我呆着也不顺心。

【正向】

……其实，只要转换心情，着眼于光明面，人生就会真的反转：

- 如果我理由足够充分，他会同意的。
- 即便不成功，也总比什么都没干就放弃强。
- 应该自信起来，因为我是这世界上独一无二的，自己要先看得起自己。
- 动怒前，我或许先从自己身上找原因比较好。
- 与老板对着干，自己也拿不到好处，还不如推心置腹地谈一谈，弄清他的需求。

Ⅳ.与心对话：

每日一问：即将进入“有意识的有能”的最后阶段，你可以选择自己的言语，创造自己想过的生活。一切是否在朝着好的方向行进呢？

……………………………………………………………………………………

……………………………………………………………………………………

……………………………………………………………………………………

……………………………………………………………………………………

……………………………………………………………………………………

第十五天 The Fifteenth Day

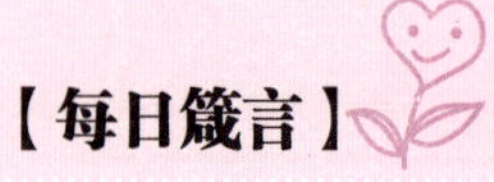

【每日箴言】

永远不要抱怨自己的起点太低。

Ⅰ. 路过心上的故事：

日本松下电器公司总裁松下幸之助，年轻时家庭生活贫困，必须靠他一人养家糊口。有一次，瘦弱矮小的松下到一家电器工厂去谋职。他走进这家工厂的人事部，向一位负责人说明了来意，请求给安排一个哪怕是最低收入的工作。

这位负责人看到松下衣着肮脏，又瘦又小，觉得很不理想。但又不便直说，就找了一个理由：我们现在暂时不缺人，你一个月后再来看看吧。这全是个托辞，但没想到一个月后松下真的来了，那位负责人又推脱说此刻有事，过几天再说吧，隔了几天松下又来了。如此反复多次，这位负责人干脆说出了真正的理由："你这样脏兮兮的是进不了我们工厂的。"于是，松下幸之助回去借了一些钱，买了一身整齐的衣服穿上又返回来。这人一看实在没有办法，便告诉松下："关于电器方面的知识你知道的太少了，我们不能要你。"

两个月后，松下幸之助再次来到这家企业，说："我已经学了不少有关电器方面的知识，您看我哪方面还有差距，我一项项来弥补。"这位人事主管盯着他看了半天才说："我干这行几十年了，头一次遇到像你这样找工作的。我真佩服你的耐心和韧性。"松下幸之助的毅力打动了主管，他终于进了那家工厂。后来松下又以其超人的努力逐渐成为一个非凡的人物。

Ⅱ. 如何做更好的自己：

1.做自己最擅长的事，认真记下自己所需要的东西，只有去尝试，才会使自身变得丰盛起来。

2.随波逐流、人云亦云总是比较容易，当你被“我什么都做不好”的思维束缚，你就会真的一事无成。

3.最初的成功就像从大海里盛出一杯水一般容易，那些失败的人，连做这么简单的事情都没有勇气。

Ⅲ．“不抱怨”思考题：

【反向】

……我们常常会面临这样的遭遇：

- 我什么工作经验都没有，一定应聘不上的。
- 一跟客户打交道，我就感到压力和紧张，看来自己不胜任这份工作！
- 我那么年轻，对方不可能被我说服的，这个单子看来是做不成了！
- 我只能活在同事的影子里，占一个无足轻重的位置。

【正向】

……其实，只要转换心情，着眼于光明面，人生就会真的反转：

- 正因为没任何经验，所以失败了也没什么好遗憾的，还不如放手一搏。
- 客户只不过想尽快完成目标，我们的利益趋向是一致的，所以没什么可怕的。
- 或许我把负面的情绪夸大了，宁愿选择现在就逃避，而不去争取长期的收获。
- 同事身上有许多我没发现的优点，我应该取人之长，补己之短。

Ⅳ.与心对话：

批评无法消弭问题，反而会扩大事端，你是否还会像之前那样，依然卷进抱怨的漩涡，加入众人的行列呢？

……………………………………………………………………………………

……………………………………………………………………………………

第十六天 The Sixteenth Day

【每日箴言】

你的生活是你一生唯一的创造，你想它变成什么样子，它就会是什么样子。

Ⅰ. 路过心上的故事：

有个老木匠准备退休，他告诉老板，说要离开建筑行业，回家与妻子儿女享受天伦之乐。老板舍不得他走，问他是否能帮忙再建一座房子，老木匠说可以。但是大家后来都看得出来，他的心已不在工作上，他用的是软料，出的是粗活。房子建好的时候，老板把大门的钥匙递给他。“这是你的房子，”他说，“我送给你的礼物。”老木匠震惊得目瞪口呆，又羞愧得无地自容。

如果他早知道是在给自己建房子，他怎么会这样呢？现在他得住在一幢粗制滥造的房子里！我们又何尝不是这样。我们漫不经心地“建造”自己的生活，不是积极行动，而是消极应付，凡事不肯精益求精，在关键时刻不能尽最大努力。等我们惊觉自己的处境，早已深困在自己建造的“房子”里了。把你当成那个木匠吧，想想你的房子，每天你敲进去一颗钉，加上去一块板，或者竖起一面墙，用你的智慧好好建造吧！你的生活是你一生唯一的创造，不能抹平重建，即使只有一天可活，那一天也要活得优美、高贵，墙上的铭牌上写着：“生活是自己创造的。”

Ⅱ. 如何做更好的自己：

1. 自我满足是成功最大的敌人。你必须始终向前看，勇往直前，不断寻找新的世界去征服。

2. 所有成功或是失败的因素都存在于我们的内在世界里，没有先天的失败者。

3. 所有丰盛的源头都不在我们之外。在每一步中，都隐藏着生活的圆满。即刻去做任何自己能做到的事，不需要得到任何人的允许。

Ⅲ. “不抱怨”思考题：

【反向】

……我们常常会面临这样的遭遇：

· 反正老板也不在意，我只要把任务应付过去就行了。

· 没时间了，没必要那么追求完美，客户应该能体谅的。

· 做得再好别人也不会感激，只要差不多就行了！

· 没必要自己为难自己，过两年再考虑存钱买房的事，活得那么累干嘛！

· 身体估计没什么大问题，特地跑一趟医院太耽误事了。

【正向】

……其实，只要转换心情，着眼于光明面，人生就会真的反转：

· 敷衍了事，说不定只能招致被炒鱿鱼的下场。

· 怠慢客户，虽然暂时没什么大碍，但口碑不好，会丢掉越来越多的单子。

· 这样下去，最终淘汰的会是自己，付出越少，收获自然也越少。

· 决定一个人的一生，以及整个命运的，是日积月累的努力。

· 病痛并不因为自己闭上眼，它就自行消失不见，发现越早，对自己越有利。

Ⅳ. 与心对话：

每日一问：生命就是当下，而当下就是要快乐。喜乐一直环绕在我们周围，你曾试着找一个互相扶持的不抱怨伙伴吗？

……………………………………………………………………………………

……………………………………………………………………………………

……………………………………………………………………………………

第十七天 The Seventeenth Day

【每日箴言】

抱怨之前，最好想想：我们不是失去，而是得到了更多。

Ⅰ. 路过心上的故事：

两个旅行中的天使到一个富有的家庭借宿。这家人对他们并不友好，并且拒绝让他们在舒适的客房过夜，只是在冰冷的地下室给他们找了一个角落。当他们铺床时，年纪较大的天使发现墙上有一个洞，就顺手把它修补好了。年轻的天使问为什么，老天使答道："有些事并不像它看上去那样。"

第二晚，两人又到了一个非常贫穷的农家借宿。主人夫妇俩对他们非常热情，把仅有的一点点食物拿出来款待客人，然后又让出自己的床铺给两个天使。第二天一早，两个天使发现农夫和他的妻子在哭泣，他们唯一的生活来源——一头奶牛死了。年轻的天使非常愤怒，他质问老天使为什么会这样，第一个家庭什么都有，老天使还帮助他们修补墙洞，第二个家庭尽管如此贫穷还是热情款待客人，而老天使却没有阻止奶牛的死亡。

"有些事并不像它看上去那样。"老天使答道，"当我们在地下室过夜时，我从墙洞看到墙里面堆满了金块。因为主人被贪欲所迷惑，不愿意分享他的财富，所以我把墙洞填上了。昨天晚上，死亡之神来召唤农夫的妻子，我让奶牛代替了她。所以有些事并不像它看上去那样。"

Ⅱ. 如何做更好的自己：

1.佛家有句话："舍得，舍得，有舍才有得。"简单的一句话，包含了人生中的处世智慧与道理。

2.真正豁达的人，应该懂得超脱；能抓住幸福的人，一定懂得放弃。

3.在诱惑面前，我们往往陷入执著，抱残守缺，目光集中在眼前的事物不肯放手。先放下，我们才能抓住更多。

Ⅲ．“不抱怨”思考题：

【反向】

……我们常常会面临这样的遭遇：

· 刚发了奖金，但比起其他同事，我拿的真是少得可怜。

· 我刚消停一段时间，破事就找上门了，连老天都跟我作对。

· 为什么我那么努力，结果却不尽如人意！

· 都怪这破工作，我几乎没有自己的私人时间，真让人沮丧！

【正向】

……其实，只要转换心情，着眼于光明面，人生就会真的反转：

· 把这事做好了，可能会是一个很好的证明自己的机会。

· 拥有和失去是常有的事，受挫一次，我对生活的理解就加深了一层。

· 为结果去打拼，虽然不一定能活得轻松，但是绝对可以活得精彩。

· 虽然消遣的时间大大减少了，但这是积累工作经验必经的阶段，熬过去就好了。

Ⅳ.与心对话：

每日一问：欢迎进入“无意识的有能”阶段，这表明你已经行至觉醒时刻，你会吸引更多乐观向上的人，也将激励身边的人进入更崇高的精神与情绪层次。对于此，你有何新的感悟吗？

………………………………………………………………………………

………………………………………………………………………………

………………………………………………………………………………

第十八天 The Eighteenth Day

【每日箴言】

我们要选择将来的幸福或者不幸，都由现在的心态决定。

Ⅰ. 路过心上的故事：

有三个人要被关进监狱三年，监狱长答应满足他们三位一人一个要求。美国人爱抽雪茄，要了三箱雪茄。法国人最浪漫，要一个美丽的女子相伴。而犹太人说，他要一部与外界沟通的电话。三年过后，第一个冲出来的是美国人，嘴里鼻孔里塞满了雪茄，大喊道："给我火，给我火！"原来他忘了要火了。接着出来的是法国人。只见他手里抱着一个小孩子，美丽女子手里牵着一个小孩子，肚子里还怀着第三个。最后出来的是犹太人，他紧紧握住监狱长的手说："这三年来我每天与外界联系，我的生意不但没有停顿，反而增长了200%，为了表示感谢，我送你一辆劳斯莱斯！"

什么样的选择决定什么样的生活。今天的生活是由三年前我们的选择决定的，而今天我们的抉择将决定我们今后的生活。

Ⅱ. 如何做更好的自己：

1.世界青睐有雄心、怀抱梦想的人，你现在之所以身处黑暗，是为了要迎接即将到来的黎明。

2.你如果紧紧抓住恐惧和不幸不放，你的灵魂就无法得到滋养，抱怨自己生活的不顺，那么你就永远被困在自设的牢笼里。

3.要改变自己对不幸的态度，承认遭遇的所有困难，都是对我们灵性成长的精心设计。

Ⅲ. “不抱怨”思考题：

【反向】

……我们常常会面临这样的遭遇：

- 真让人绝望，不顺的事一件接一件。
- 我年纪太大了，跟不上节奏，更不可能跟年轻人一起竞争。
- 这不是为难我吗，条件那么苛刻，要求却还那么高。
- 他为何要不停地撒谎，不停地为工作的失误编造各种理由。
- 要不是因为你，我早就已经成功了，都是你拖累了我。

【正向】

……其实，只要转换心情，着眼于光明面，人生就会真的反转：

- 我愿意承受的痛苦越多，以后能感受的快乐才会越来越多。
- 如果我现在不去争取，以后肯定会后悔的，而且也会越来越落伍。
- 评判别人之前，我也应该评判一下自己，我的实力似乎还不足以说服对方。
- 是我当初一味地放任，才造成了今天的局面，错误的源头在我自己。
- 我之所以不停地责备最亲近的人，是想为失败做掩饰，为不肯努力找托辞。

Ⅳ.与心对话：

每日一问：你会为了最微不足道的小事而感恩吗？你是否已经成为在工作和生活里散播喜乐的人？

……………………………………………………………………………………

……………………………………………………………………………………

……………………………………………………………………………………

……………………………………………………………………………………

……………………………………………………………………………………

第十九天 The Nineteenth Day

【每日箴言】

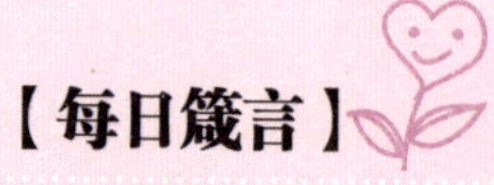

幸福就在我们身边，要相信自己是被祝福的人。

Ⅰ. 路过心上的故事：

在西藏，有一个叫爱地巴的人，每次和人起争执的时候，就以很快的速度跑回家去，绕着自己的房子和土地跑三圈，然后坐在田地边喘气。爱地巴工作非常勤劳努力，他的房子越来越大，土地也越来越广，但只要与人争论生气，他还是会绕着房子和土地绕三圈。他为何要这样做？所有认识他的人，心里都起疑惑，但是不管怎么问他，爱地巴都不愿意说明。

直到有一天，爱地巴很老了，他的房地又已经很广大，他拄着拐杖艰难地绕着土地转，好不容易走了三圈，太阳都下山了，爱地巴独自坐在田边喘气，他的孙子在身边恳求他："阿公，你已经年纪那么大，这附近也没有人的土地比你更广大，您不能再像从前，一生气就绕着土地跑啊！您可不可以告诉我这个秘密，为什么您会这样做呢？"

爱地巴禁不起孙子的恳求，终于说出隐藏在心中多年的秘密，他说："年轻时，我一和人吵架、争论、生气，就绕着房地跑三圈，边跑边想，我的房子这么小，土地这么小，我哪有时间，哪有资格去跟人家生气，一想到这里，气就消了，于是就把所有的时间用来努力工作。"孙子问道："阿公，你年纪大了，又变成最富有的人，为什么还依然这样做？"爱地巴笑着说："我现在还是会生气，生气时绕着房地走三圈，边走边想，我的房子这么大，土地这么多，我又何必跟人计较？一想到这，气也就消了。"

Ⅱ. 如何做更好的自己：

1. 幸福在我们每个人心中，在我们触手可及的地方，其实我们已经拥有很多，需要的是一颗善于觉知的心。

2.学会控制自己的心态，如果总想着自己的软弱和缺陷，就永远得不到你想要的力量和平静，在灾厄和困境面前，要保持一颗平常心。

3.要相信，我是幸运的，我是被祝福的，想要的一切都会被我吸引而来，需要的只是努力去争取。

Ⅲ．“不抱怨”思考题：

【反向】

……我们常常会面临这样的遭遇：

· 我要什么没什么，凭什么跟别人争。

· 薪水那么少，还整天指使我干这干那。

· 我比他聪明，比他努力，为什么最后胜出的是他。

· 我有房有车，但又能怎么样呢，跟身边的人比，还是被踩在底层。

【正向】

……其实，只要转换心情，着眼于光明面，人生就会真的反转：

· 正因为自己一穷二白，所以更要努力去争取。

· 我得抓住机会，尽量多学点东西，这样才有晋升的资本。

· 失败了，说明还有很多缺陷，感谢这次机会，让我明白自己的弱点。

· 我已经拥有那么多，而且还会越来越好，应该懂得感恩。

Ⅳ.与心对话：

每日一问：身为一个不抱怨的人，你可以花更少的心力，就招致更多你想要的东西。你还会让怨气继续操控、支配你吗？

……………………………………………………………………………………………………

……………………………………………………………………………………………………

第二十天 The Twentieth Day

【每日箴言】

如果你只接受最好的，你经常会得到最好的。

Ⅰ. 路过心上的故事：

有一个人出差时，经常买不到对号入坐的车票。可是无论长途短途，无论车上多挤，他总能找到座位。他的办法其实很简单，就是耐心地一节车厢一节车厢找过去。这个办法听上去似乎并不高明，但却很管用。每次，他都做好了从第一节车厢走到最后一节车厢的准备，可是每次他都用不着如此就会发现空位。

他说，这是因为像他这样锲而不舍找座位的乘客实在不多。经常是在他落座的车厢里尚余若干座位，而在其他车厢的过道和车厢接头处，居然人满为患。他说，大多数乘客轻易就被一两节车厢拥挤的表象迷惑了，不大细想在数十次停靠之中，从火车十几个车门上上下下的流动中蕴藏着不少机会；即使想到了，他们也没有那一份寻找的耐心。眼前一方小小立足之地很容易让大多数人满足，为了一两个座位背负着行囊挤来挤去有些人也觉得不值。他们还担心万一找不到座位，回头连个好好站着的地方也没有了。像生活中一些安于现状害怕失败的人，永远只能滞留在起点上一样，这些不愿主动找座位的乘客，大多只能在上车时最初的落脚之处一直站下去。

Ⅱ. 如何做更好的自己：

1.立即行动起来，将自己想达成的目标和要实现的梦想列出来，一步一步去实施。

2.我们都习惯了逃避，因为大家似乎都这样，所以能成功的人，只是每天比别人勇敢了一点，多尝试和付出了一点。把今天当作最后一天，现在就开始践行。

3. 专注于生活中好的事物，把感恩变为一种习惯。

Ⅲ. “不抱怨”思考题：

【反向】

……我们常常会面临这样的遭遇：

· 我还没有准备好，拖几天再行动。

· 现在就已经很好了，差不多就行。

· 太累了，还不如找份薪水少一点，活得更安逸的工作。

· 还是算了，现在招新人很困难，换人太麻烦。

· 万一做了，状况还比不上现在，那不是更糟糕。

【正向】

……其实，只要转换心情，着眼于光明面，人生就会真的反转：

· 如果现在不马上动手，以后估计再也不愿尝试了。

· 一定还会有更多的惊喜在等着我。

· 现在累一点不算什么，可以学到更多的经验，开拓自己的视野。

· 不换掉散漫又毫无贡献的员工，今后对公司的发展阻碍更大。

· 不进步的人，永远只能在原地打转。

Ⅳ.与心对话：

每日一问：你已经重塑了自己的思考模式，脱胎换骨变成一个更快乐的人，你会把这一切改变，当成是宇宙对自己最丰盛的祝福吗？

……………………………………………………………………………………

……………………………………………………………………………………

……………………………………………………………………………………

第二十一天 The Twenty-first Day

【每日箴言】

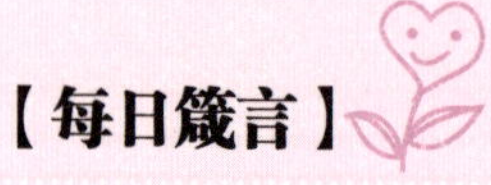

虽然屡遭挫折，却能够坚强地百折不挠地挺住，这就是成功的秘密。

Ⅰ. 路过心上的故事：

英国劳埃德保险公司曾从拍卖市场买下一艘船，这艘船1894年下水，在大西洋上曾138次遭遇冰山，116次触礁，13次起火，207次被风暴扭断桅杆，然而它从没有沉没过。劳埃德保险公司基于它不可思议的经历及在保费方面带来的可观收益，决定把它从荷兰买回来捐给国家。

现在这艘船就停泊在英国萨伦港的国家船舶博物馆里。不过，使这艘船名扬天下的却是一名来此观光的律师。当时，他刚打输了一场官司，委托人也于不久前自杀了。尽管这不是他的第一次失败辩护，也不是他遇到的第一例自杀事件，然而，每当遇到这样的事情，他总有一种负罪感。他不知该怎样安慰这些在生意场上遭受了不幸的人。当他在萨伦船舶博物馆看到这艘船时，忽然有一种想法，为什么不让他们来参观参观这艘船呢？于是，他就把这艘船的历史抄下来，和它的照片一起挂在律师事务所里，每当商界的委托人请他辩护，无论输赢，他都建议他们去看看这艘船。它使我们知道：在大海上航行的船，没有不带伤的。

Ⅱ. 如何做更好的自己：

1.人生就是一个不断受伤又不断痊愈的过程，受伤能使人变得更坚强。

2.遭受挫折，先不要怨天尤人，应该冷静地包扎好伤口，继续上路，因为你如果喊痛，疼痛就会持续不断地出现。

3.路上充满荆棘，不敢穿越的人，永远不可能前进，甚至无法正常生活。走过去，那里就是光明。

Ⅲ．“不抱怨”思考题：

【反向】

……我们常常会面临这样的遭遇：

· 合作者效率真是太低了，我敢说自己是最吃力不讨好的一个。
· 你瞧瞧别人，多有头脑，也不学着点。
· 去哪了，就不能早点回家呆着吗?
· 你想太多了，事情不是你认为的那样。
· 那你想怎么样呢？大不了咱们一拍两散。

【正向】

……其实，只要转换心情，着眼于光明面，人生就会真的反转：

· 大家应该一起成长，在工作里吃点亏不算什么。
· 讽刺只能造成隔阂，把事情越弄越糟。
· 应该给对方更多的私人空间，要求无度，会让人生厌。
· 我得给对方解释的机会，不能一味谴责。
· 慢慢来，问题总会解决的。

Ⅳ.与心对话：

每日一问：自从你实践二十一天不抱怨之后，人生发生了什么改观？你是否已经完全接纳并享受当下的一切?

…………………………………………………………………………………………

…………………………………………………………………………………………

…………………………………………………………………………………………

不抱怨的世界

人际关系篇

[美] 威尔 · 鲍温（Will Bowen）◎著
裴卫芳　邢爽◎译

Complaint Free Relationships

CNS 湖南文艺出版社 HUNAN LITERATURE AND ART PUBLISHING HOUSE 博集天卷 CS-BOOKY

图书在版编目（CIP）数据

不抱怨的世界. 人际关系篇 /（美）鲍温（Bowen,W.）著；裴卫芳，邢爽译.
—长沙：湖南文艺出版社，2016.4
书名原文：Complaint Free Relationships: How to Positively Transform Your Personal, Work, and Love Relationships
ISBN 978-7-5404-7491-1

Ⅰ. ①不… Ⅱ. ①鲍… ②裴… ③邢… Ⅲ. ①成功心理—通俗读物②人际关系—通俗读物 Ⅳ. ①B848.4-49②C912.1-49

中国版本图书馆CIP数据核字（2016）第042270号

著作权合同登记号：25-2010-002

This translation published by arrangement with Harmony Books, an imprint of the Crown Publishing Group, a division of Penguin Random House LLC

上架建议：励志·成功心理学

BU BAOYUAN DE SHIJIE.RENJI GUANXI PIAN
不抱怨的世界. 人际关系篇

作　　者：［美］威尔·鲍温
译　　者：裴卫芳　邢　爽
出 版 人：刘清华
责任编辑：薛　健　刘诗哲
监　　制：蔡明菲　潘　良
策划编辑：潘　良　李彩萍
特约编辑：李乐娟
版权支持：辛　艳
营销编辑：李　群
封面设计：张丽娜
内文排版：八度出版服务机构
出版发行：湖南文艺出版社
（长沙市雨花区东二环一段 508 号　邮编：410014）
网　　址：www.hnwy.net
印　　刷：北京鹏润伟业印刷有限公司
经　　销：新华书店
开　　本：880mm × 1230mm　1/32
字　　数：154千字
印　　张：7
版　　次：2016 年 4 月第 1 版
印　　次：2017 年 4 月第 2 次印刷
书　　号：ISBN　978-7-5404-7491-1
定　　价：32.80 元

质量监督电话：010-59096394
团购电话：010-59320018

>>致亲爱的中国读者：

风和日丽的日子里，我坐在位于密苏里州堪萨斯市的办公室里，心怀感激，写下这篇序言。这些文字为远在中国的你们而作，因而有了不一样的意义。及至写这篇序言时，我还没到过中国这个美丽的国度。但中国之行已列为我的目标之一。虽然我不曾踏上过中国的土地，不曾呼吸过中国的空气，甚至，我与你们未曾谋面，但我却能感受到一种强烈的亲切感。

每逢星期一，我都会下载一份谷歌的详细报告，了解有多少人访问了我们的“不抱怨网站”（www.AComplaintFreeWorld.org）。每个星期，都有来自世界各地几乎每个国家的读者访问我们的网站，其中美国本土的访问者一直排在前列。然而，近一年的时间以来，中国的访问者数量都居第二位。

我有幸接受过许多国家媒体的采访，这些国家遍布全球。无论在哪个国家分享我的故事，我都会发现，采访者们经常会跟我说，本国人民的抱怨，比其他任何国家人民的抱怨都要多。这似乎已成为一个全球性的问题。美国人相信，他们比世界其他国家人的抱怨要多；印度人则认为，他们抱怨得最多；而加拿大人就觉得，他们才是最爱抱怨的人。因此，倘若中国读者说，中国人向来喜欢抱怨，我不会感到丝毫诧异。

但我发现，中国人的抱怨有所不同。中国人敢于直面不足，勇于面对挑战，无论面对的是抱怨倾向抑或其他，你们都会本着单纯的意图，力求改善。中国人改变自我，努力争取高品质生活的意愿，是一种真正的动力。当你打开这本书，并尝试利用其中传递的信息改善周遭关系时，我感激你在我们之间建立起了联系。也许我们身隔万里，但彼此心无距离。

祝各位一切顺利，心想事成。

威尔·鲍温

2010年4月

第2只手环，21天改变1.5亿人的命运！

名家书评赞誉

◆你决定着不抱怨关系的路线，关系的存在是为了让我们成长。

——美国总统 奥巴马

◆人与人的关系就像田地，不管你多勤劳，多呵护它，还是会不时冒出杂草。它们需要你去打理和拔除，这些考验表明：关系需要成长，需要向前发展。你只有无畏地跨过去，才能抵达光明。

——创新工场董事长兼首席执行官 李开复

◆把坏事当好事办，人生就只有快乐、没有抱怨。

——万通地产董事长 冯仑

◆一本让你变得喜乐、平和的书，转化你对生命的觉知。

——华语世界首席身心灵作家 张德芬

◆不抱怨是这世界最有力量的法则。

——美国前国务卿 希拉里

◆你拥有无尽的潜能，不抱怨才能迎来成功。

——高盛集团首席执行官 布兰克费恩

◆你与他人相处的能力将会产生各种关系，这些关系本身要比金钱更有价值。把“不抱怨”带入你的生命里，疗愈各种失调的关系，这是上天对你最棒的恩赐。

——美国《洛杉矶时报》

◆有史以来最伟大的身心灵作品之一，健康、财富、喜悦……都藏在这本书里。

——美国《纽约时报》

◆看完这本书，你可以把所有的励志书都丢掉了，因为你已活出最完美的自己！

——美国《芝加哥太阳报》

◆“不抱怨”是一种神奇的法则，运用它，你就能改变一切！

——美国NBC电视台

◆为全世界的人带来无尽的力量，书中的话语会和你的生命进行连接，让你过上梦想中的生活。

——美国《时代》周刊

◆一本带给你爱和喜悦的书，大师之作！

——法国《世界报》

◆不论你处于人生的哪个阶段，都需要这样一本启迪心智、振聋发聩的智慧之书。

——法国《ELLE》

◆如果你有勇气，请读这本书！融合了思考、故事、丰沛情感的杰作，“不抱怨”需要你的参与和践行。

——英国《泰晤士报》

◆如果你需要一本教你如何与他人和谐相处的书，威尔·鲍温的这本新作将胜过几十座图书馆。

——英国《卫报》

◆生命绝对可以不平凡，假若你是“不抱怨”的参与者和传播者，整个宇宙都会助力于你，一同实现你的愿景。

——香港《文汇报》

◆每个人生下来都有属于自己的“关系”，那是世界上最独一无二的。但是生命中所有的关系，亲情、友情、爱情，都要靠“不抱怨”去维系。

——台湾华视新闻报导

◆你应该有全然的信心，去挖掘自己的内在潜能，“不抱怨”就是开启你无惧信念的密匙。

——台湾诚品书店

◆想要建立一种“不抱怨的关系”，不在于你学习如何去做这样的事，而在于学习如何去成为这样的人。打开这本书，你想要的一切都会显形!

——台湾金石堂书店

唯一能为你的幸福和人生负责的人，就是你。

你拥有无限的潜能，去为自己的幸福做出改变。

把内心的恐惧调向光亮处，这样你才能着手解决问题，并疗愈创伤。

CONTENTS【目录】

Part 3

【前言】

为什么“关系决定命运”

人是关系中最大的难题

他人是上天赐予我们最好的礼物，但也可能成为我们最大的挑战。你可以给自己做个问卷调查，拿出一张纸，把你正面临的问题和挑战都写下来，只要是让你产生负面情绪、担忧、困扰的事都可以写在这张纸上。

然后，问自己：“里面有多少问题是和别人有关的呢？”这时你会发现，你所面临的困扰，多半与他人有关。不论是要和你的爱人有更深层次的交流；还是要说服某个同事，让他认同你的看法；或是让你的孩子收拾他们的房间；或是让商店导购了解你的需要……生活中的大部分问题，都能通过与别人建立成功的、有价值的关系得以解决。即使是那些大规模、全球性的问题也不例外。

我们同他人的各种关系，可以提高自身的生活品质，也能带来无尽的压力；既能给我们带来欢乐，也能带来痛苦；既能带来安逸、和谐，也能带来矛盾、冲突；既能带来喜乐、平和，也能带来不安、挣扎。

或许你觉得自己是关系中的受害者，无力去改善它们；或许你觉得自己正被困在消极、不快的关系当中，无法解脱。但事实并非如此，你既非受害者，也没有被困，你完全可以改变你与家人、朋友、同事，甚至是萍水相逢之人的关系，并从中享受到极大的乐趣。

你学习这些新技巧的过程，就会有很多人为你所吸引，他们会觉得你热情、无私、乐于助人、讨人欢喜等，在别人眼里，你具备很多高贵的品质。同样，你也能在现有关系中，将对方身上的这些美好品质引导出来。不要再去抱怨别人如何对待你了，这样你就会创造出很多正向的经历，给自己带来神奇的转化。

你从本书中学到的理念和方法，都来自我在一次教会上的演讲。我是密苏里州堪萨斯市基督教会联盟的主任牧师。我向会众们讲解一些观点，告诉他们如何才能成功，并借助一个紫手环，把它作为一种工具，以帮助人们根治“抱怨”这一顽疾。

我们用思维创造了生活，而语言又反映了我们的思维和想法。大多数人都觉得自己积极、乐观，可事实上并非如此。有时，人们觉得自己已经努力朝好的方面想了，可实际上，大多数人依旧悲观、沮丧，他们不断地抱怨就充分证明了这一点。这种消极思考的倾向，最终导致了各种令人不快的关系。

多产的推理小说家阿加莎·克里斯蒂曾如此写道：“人们从不知道自己有何不寻常的东西或习惯。”正如她所说，很多事情，尤其是人们习惯性抱怨之事，从未被引起足够重视。据我从那些接受了“不抱怨挑战”的人们了解的信息看，一般人平均每天要抱怨15~30次，但他们毫无察觉。而我们的“不抱怨”紫手环，正是帮人们设置了一个陷阱，以“逮住”自己的抱怨。

方法很简单：先把紫手环戴在一只手腕上，当（不是“如果”）你发觉自己在大声抱怨时，就把手环换手。这样，每次抱怨，手环都会被你从一只手移到另一只手上。在此过程中，你就能觉知自己的消极情绪。坚持数个月，你的抱怨次数就会越来越少。

我们的目标是要做到连续21天不抱怨。科学家认为，将一种新的行为变成一种习惯需要21天的时间。所以当你实现了这一目标，就会重获新生，这种“不抱怨”的行为会成为一种持久的习惯。

一开始，我只给我的会众们分发了250只手环，可是随着“不抱怨”理念在全世界的广泛传播，它发展成一场全球性的运动。我们已向全世界105个国家寄出了几百万只手环。数以百万计的个人、家庭、教堂、学校、监狱、诊所、医院、戒毒中心以及很多企业都加入了这场运动，并且取得了可喜的成果。

“不抱怨运动”是一场蓬勃发展的、非盈利性的活动，旨在为个人和组织机构提供资源，帮助人们摆脱抱怨，去创造更美好的生活。

我们曾登上《奥普拉脱口秀》的舞台、美国各大主流电视、网络以及世界各地的重量级媒体。国内、国际几百家报刊都报道了我们的故事。许多出版社在他们发行的图书中附上紫手环，将其赠送给读者。这一做法，不仅帮助我们更广泛地传播了“不抱怨”的理念，分发了更多的手环，也让他们图书的销量大增。

很多公司同我们接洽，想用他们的产品帮我们分发紫手环。也有很多公司无偿提供他们的场地，用来举行“不抱怨运动”。很多人给我写信或发邮件，向我提出各种各样的问题，为了回答这些问题，我撰写了一本书《不抱怨的世界》，现在它已成为世界级的畅销书，在全球出版和发行。

每天我都会从谷歌收到很多提示，告诉我又有人开设了博客，讲述自己在接受“不抱怨”挑战后的各种经历。我受邀到很多会议和活动中，为各类集团发表主题演讲，从联邦机构、世界20强企业，到学校、教堂、医院以及各类民间组织。虽然这一切出乎我的意料，但取得的成绩让我十分感动和荣幸。

最让我感到满足的是，看到有那么多人都敢接受这个挑战（这真是个很大的挑战），坚持连续21天不抱怨。我们的网站www.AcomplaintFreeWorld.org上有一个链接，参与者通过它就能让我们知道，他们已经成功完成21天不抱怨的挑战。我们收到世界各地的消息，证明很多人已经将“不抱怨”变成了一种习惯。

抱怨是所有不愉快关系的共同特点

有一天，我乘坐飞机去给几百名企业领导者做一个有关“不抱怨团体”建设的演讲。飞机还没起飞，我正好利用这段时间思考我的“不抱怨”计划。就在那一刻，我好似灵光闪现，突然想明白了一件事：几乎所有的抱怨都建立在关系之上。

抱怨大部分都是针对其他人的——一个和你有某种关系的人。这种关系可以很正式，例如，婚姻关系和工作关系；它也可以不太正式，例如，和你隔壁房客之间的关系；它可以很短暂，比如，与萍水相逢之人的关系；也可以延续数十年，比如，我们同家人的血脉关系。

因为我是个牧师，所以经常会有人向我寻求建议。而每次他们所面临的几乎都是关系的问题。在这些咨询、探讨的过程中，我发现抱怨和自己有关系的人，不但能引发各种矛盾，还会使已有的问题进一步恶化。随着对这一主题更深入地探索，我发现人们就抱怨对关系的负面影响已经做了很多调查和研究了。

早在1938年，心理学家路易斯·特曼（Lewis Terman）就在他的研究中得出这样的结论：幸福的夫妻和不幸的夫妻最大的区别就在于，不幸的夫妻更多地将伴侣形容为爱争辩的、尖刻的、爱唠叨的，也就是说，不幸的夫妻更爱抱怨。而抱怨是各种不愉快关系的共同特点。

你或许会想：“有些关系真的很让人苦恼，所以为什么不抱怨呢？”这样可以让我们把不良情绪都释放出来，不用再把愤怒都憋在心里，这不是很好吗？可事实正相反，抱怨并不能带给我们安宁和解脱。在本书里，我们会详细地讨论关于“释放”的故事。

或许，为了不让自己在某种关系中苦苦挣扎，我们可以放弃它们——让自己一个人自力更生、孑然一身不也很好吗？起码不用再忍受萨特所说的“他人即地狱”了。

很遗憾，我们没有这个选项。我们需要同他人建立关系，关系不是件可有可无的东西，它是一种“必需品”。

我们不但想要和他人建立关系，更渴望与他人进行交流和沟通。如果儿童在性格形成时期缺乏关爱，就会造成他们的生长迟滞（Failure to thrive，简称FTT）。在这种情况下，他们的身体就很难以正常、健康的方式生长发育。据马里兰大学医学中心（University of Maryland Medical Center）的研究显示，情感缺失是引发这种生长迟滞现象的主要原因。

其实，这种关系缺失影响身体状况的现象，在各个年龄段都会出现。调查表明，老人要比年轻人更常去看医生，身体的衰老是原因之一，但一个更重要原因是：可以同他人交流并得到照顾和关注。这些老人同时代的亲人、朋友大部分已故，他们的生活就成了全无人际关联的情感荒原。而医生和理疗师，为老年人提供了他们一直非常渴求的关系刺激。

人类经常会研究黑猩猩，试图通过对这些进化近亲的研究，更深入地了解人类的本性。在类人猿的世界里，关系的必要性更为明显。美国国立卫生研究院（National Institutes of Health）的研究发现，黑猩猩之间也需要进行社会性互动，并且建立关系。科学家们总结说：“虽然野生的黑猩猩会在一天的某个时段独处，但它们从本质上来说还是一种社会性动物，长时间与其他同类分离，对它们来说是一种折磨。”

关系是一种需要，可以让我们有机会同他人分享自己的经历，享受其中单纯的乐趣。除此之外，关系还能带给我们很多东西。

不久前，沃尔特里德陆军医院（Walter Reed Army Hospital）的医生们研究发现，在参加了战争，但并未受伤的士兵中，大约有17%的人患上了创后心理压力综合征（Post-traumatic stress disorder，简称PTSD），可令人惊奇的是，在那些参加了战争，并受了重伤（失去一只手臂或一条腿，严重烧伤、瘫痪等）的士兵中，只有4%的人患上了此病。

这些数据让医生们感觉很意外，因为他们本以为那些经历了战争的残酷，并遭受重伤的士兵患病的概率要大得多，为何竟然比根本没受伤的士兵低十几个百分点呢?

研究者最终发现，原因都在于“治疗”的差异。不过我们指的不是心理疗法，而是物理治疗，特别是沃尔特里德陆军医院物理治疗的安排，在这一过程中起了决定性的作用。受伤士兵会聚在一个很大的房间里，努力地同伤痛做斗争，希望自己能过上正常人的生活。他们在接受日常治疗时发现，很多人的伤势比他们的还要严重。那种想要恢复健康的愿望，会使病人产生一种强烈的共鸣。他们相互鼓励，为彼此加油打气，并会为别人的一个小小进步而兴奋不已。这种在身体恢复过程中建立起来的关系，会帮助他们治愈精神上的创伤。

所有财富，都能从关系中获得

关系也是我们获取物质性资源的一种渠道。每个人都有自己的希望和梦想。你可以花上几分钟，去想一想你企盼的那些东西，问问自己："如果有机会让我实现愿望，我会先实现哪一个呢？"

现在，请思考一下，其实你想要的东西不是需要他人辅佐，而是掌握在别人手里。或许你想要一个关心你、支持你的人和你共度一生，而这就是一种关系；或许你想要辆新车、一间大房子，或者其他什么奢侈品，你就要为他人服务赚到足够的金钱去买这些东西，这也是一种关系。与他人的关系可以让我们拥有自己一直在追寻、渴望的东西，而我们必须学会如何与他人相处，才能实现自己的愿望。

在《百万富翁的智慧》（The Millionaire Mind）一书中，作者托马斯·史丹利（Thomas Stanley）告诉我们，他曾采访了数千名白手起家的百万富翁。当问起这些人，什么才是积累财富最重要的技能时，94%的富翁都会把与他人融洽相处的能力看得极为重要。事实上，他们觉得，从创造财富而言，能够与他人融洽相处比拥有过人的智慧更重要。你与他人相处的能力将会产生各种关系，这些关系本身要比金钱更有价值。

你有能力改善一切关系

抱怨会扭曲、削弱，有时甚至会破坏那些对我们的幸福和安宁至关重要的关系。当我们开始抱怨时，就会忽略对方曾吸引我们的品格，转而把注意力集中在对方的缺点上面。

我妻子桂儿曾就职于一家公司，她办公室的女员工们每月都要举行聚会，用她们的话说，是在实施一种“群体疗法”。所谓的“群体疗法”，就是在附近找家墨西哥餐馆，喝上几杯玛格丽特，然后借着酒劲，大声地抱怨形形色色的男人们。主题只有一个——男人都是狗。不用说，这些女人都没能和某个男人维持快乐、持久的关系。

现在，你可能会想，她们之所以会有这样的抱怨，是因为和男人间的关系有些不尽如人意。她们只注意到了关系中的消极面，女人相互间的“同情”，只会将问题夸大。在花了一晚上去抱怨生活中的“狗男人”之后，这些女人回到家里，禁不住就会把那个正坐在La-Z-Boy（一个沙发品牌）沙发上的男人看作一条“老黄狗”。她们的预期，都建立在头脑中的偏见上，认为男人就是狗，而这些女人的丈夫或男朋友，也会感觉到她们的不满，真的会像她们预期的那样（有时比预期的更糟糕）对待她们。

我曾认识过一位非常有名的牧师，他跟我说：“要是不用与人打交道，牧师还是个很棒的职业。”和别人打交道，可能会是一种充满了痛苦和悲伤的斗争，但也可以不是这样。法国杰出的哲学家、剧作家萨特曾说过一句很经典的话，那就是——他人即地狱。这句话虽有些悲观，但萨特却因此为大家所熟知。他在晚年时，曾做过如此解释：“大家都以为，我想用这句话说明人与人之间的关系都是有害的，如地狱一般，人们都在钩心斗角。其实，我想传递的是一种完全不同的观念，如果你同他人的关系遭到歪曲和损害，那么他人就会变成，也只能变成生活在地狱里的人。”

你能够纠正所有扭曲的关系，将其置于一个更稳固的基础之上，你有这个能力。只要你能接受新的观念，并愿意用这些观念去创造新的经历，就可以做到这一点。这本书里每一章结尾的地方，都会有一部分以“不抱怨行动”为题的文字，我会设置一些练习，以助你更深入地思考从书中学到的知识。如果你能花上几分钟，把答案认真地写下并践行，肯定会大有所获。

如果你已准备好，要把那些地狱般的关系变成和谐的关系，把互相侮辱的关系变成一种“不抱怨的关系”，那么，就从现在开始吧！

Part 1

你决定着“关系”的走向

- 改变关系的途径
- 人无所谓好坏，思想使然
- 一切改变，由你开始
- 正向评价，打造愉快关系
- 你的评价只对自己有效
- 分辨和评价的差异
- 改善关系的秘密

> 个人观点总有一定的局限性。
> ——维特根斯坦

改变关系的途径

Relationship（关系）一词来源于relate，而relate则来自拉丁语relatus，意思是“重述、再现”。因此，我们也可以这样认为，我们同他人的关系，都建立在自己对别人的描述和再现基础之上。也就是说，我们在内心如何向自己描述对方，给其下了什么定义，对彼此间的关系起着决定性的作用。

从小我就有个梦想，要成为一名DJ。大学一年级时，我在家乡南卡罗来纳州哥伦比亚市的一家电台找了份工作。我十分热爱它。经过几年的努力，我被提拔为台里的制作指导。而我的主要工作，就是为一些知名DJ播放的商业广告做合成音效。

就在这个时候，我认识了DJ菲尔。他比我大二十多岁，有着一副深沉又极富磁性的嗓音。在上司安排我做制作指导之前，一直都是他在担任这一职务。菲尔的嗓音真叫人难以置信，听他的节目就像欣赏一场管弦乐演奏——性感，却又如此铿锵有力。他对制作广告也很拿手，似乎有什么秘诀，总能为那些广告挑选最合适的音乐。但无论如何，属于菲尔的调幅广播时代已经结束了。那时我们台里开始使用调频设备，而菲尔却不懂这门新技术。他的广告在调幅广播里听起来很好，可是到了声音更丰富、音域更广的调频广播里，就变得干瘪无力。

一开始，我还在为能够给儿时的偶像制作节目而兴奋，可是没过多久，我和菲尔的合作就开始出现了问题。他总是告诉我，甚至是告诉任何能够听他抱怨的人，说我的作品粗制滥造，不合乎要求。他不喜欢我挑的音乐，不喜欢我制作的拷贝，不喜欢这，不喜欢那，看上去我做什么他都不喜欢。

时间一长，我对这位偶像的欣赏就彻底变成了愤恨。一开始，菲尔批评我时，我还能低下头，小声说句“对不起”，可到了后来，我就奋起反抗了。我会坚持自己的观点，并且指出他的不足。很快，我们的争吵就升级成了一场互相批评、侮辱的“竞赛”。我们的制作室四周都是玻璃墙，并且隔音效果超级好，这样一来，每次我们吵架都成了无声的“现场直播”。其他员工都能看到我们站在那里，脸红脖子粗，而那些极尽侮辱的言语只有我俩能听到，现在想想真是滑稽啊。

一天，我们又开始了一场“竞赛”。就在我们争论不休时，菲尔瞥了一眼墙上的钟，说：“我没时间跟你在这儿废话！现在，我要去和朋友共享午餐！”他气呼呼地大步走出制作室。我的目光却没有离开他，透过玻璃墙，我看到他去了楼下的大厅，一个和他年纪相仿、但我从没见过的男人正在那儿等候。那人看见菲尔，脸上立刻洋溢出热情的微笑，快步走过去给了他一个拥抱。

当我看着他们一起走出电台大门时，我有些愣了，呆呆地坐在那里。我简直大吃一惊："菲尔居然会有朋友？他那么古怪，怎么可能有朋友！"这么说可能有点奇怪、刻薄，或许还有些自大，可是我真的从来没想过他会有朋友。什么人会喜欢他啊？

晚上我躺在床上还思考着这件事。为什么别人见到菲尔就眉开眼笑，而我却只会发怒呢？嗯，菲尔是个古怪的家伙！就是这样，不用再想了。但我还是忍不住想："如果菲尔真是个古怪的人，那为什么在别人眼里他魅力十足呢？"

很显然，菲尔跟其他人的关系和跟我之间的关系完全不一样。这是因为，菲尔在心里对我的"再现和描述"是"与众不同"的。对于其他人，菲尔会在心里再现他们的优点和长处，而他的朋友们也会在心里描述他积极的一面。可我却正好相反，经过这么多次争吵，每当我一想起他，头脑里就有个持续、消极、指责的声音在向我大喊："菲尔是个讨厌的老顽固，是个彻头彻尾的古怪家伙！"我就是这样向自己描述他，结果在我眼里，菲尔就真的成了这样的人。

我经常被问到这样一个问题："我该如何去改变别人？"我同菲尔的这段经历给了我答案。很多年之后，我见到了诺姆·海德尔（Norm Heyder）先生，我很崇拜他，因为他好像天生就知道如何去改变别人，这是一种不可思议的本领。就算在激烈争吵的情况下，他依然能冷静地陈述自己的观点。而且，当别人强调自己的想法时，他也能平心静气地仔细倾听。虽然诺姆和其他人不是总能达成一致，甚至都没有共同的立场，但到最后他们却能成为朋友。有些人怒气冲冲地来找他，离开时却已经心平气和、满意而归。就算遇到十分顽固、甚至有些刻薄的人，他也能发现那些人理智而善解人意的一面，并把这种信息传递给对方。我曾经问过诺姆，为什么他能做到这些。他却告诉我：“要想改变一个人，首先，你就要改变自己对他的看法——这是改变别人的唯一途径。”

关系或沟通，不仅仅是指两个人之间表面上的简单互动，它更为复杂和深奥。沟通为我们提供了描述他人的最初“素材”。而他人也会感觉到我们对他的看法，进而根据我们的看法做出相应的反馈，这些都是在潜意识里一瞬间完成的。我们一直都在重复着这种行为。

首先，想想你十分欣赏的一个人，这个人什么地方吸引你？当你看见他或者想起他时，心里会如何描述这个人呢？一些美好的词汇，比如，真诚、乐于奉献、善良、谦虚、乐观、无私、快乐、博爱等，是否会在你脑海里出现呢？

接下来，再去想一个让你十分厌烦、听到他的名字就恨得牙痒痒的人。他可以是任何人：前配偶、老板、邻居、政治领袖、某个名人，或者是同事，反正是你不喜欢的人就行。然后问你自己：“我是如何向自己描述这个人的呢？”要坦诚一些，不管答案是什么，都不要刻意地去检查或评价它们，让这些想法自由地从头脑中迸发出来。这时你再问自己，讨厌他们什么呢？是他们很粗鲁，还是坏心眼、自私、武断、冷漠、不道德、自以为是、愚蠢、痴呆或者懒惰？

现在，思考一下这个问题：会不会你最珍惜、最喜欢的那个人，却是其他某个人心里最讨厌的呢？而你心里的那个讨厌鬼却是别人最珍惜的好朋友呢？甲之蜜糖，乙之砒霜，为何会出现这种状况呢？

人无所谓好坏，思想使然

最近，我参加了一个为期数天的大型研讨会。在我发言时，有一位女士一会儿向我提问，一会儿又针对我的演讲指手画脚。要知道，我只有六分钟的时间，这样一来，根本不能把准备的东西都展示出来。而且，每次被她打断后，我都想不起刚才自己讲到哪里了。在接下来的几天里，不管谁来发言，这位女士都是这样，随意打断别人。而这些发言者也都跟我一样，被弄得心烦意乱、精神沮丧。我发现，自己已经不知不觉地这样描述她了：没礼貌、自私而且令人气愤。

研讨会结束后，我来到机场，并在机场的外卖店买了些食物，准备在上飞机前把晚餐解决掉。可是那时所有的桌子上都有人，我有点傻眼。一位女士看见我站在那里，就邀请我到她身旁的一个空位上坐下。我当时没认出她是谁，但她告诉我，作为她最好朋友的嘉宾，她也参加了这次研讨会。她用了好长时间来描述她那位好朋友是多么慷慨、善解人意、关心他人……她给我讲了很多那人的感人故事，告诉我她朋友做的工作是多么无私和博爱。

啊！你无论如何想象不到，我这位晚餐伙伴所说的最好的朋友，居然就是那个老是打断我发言、让我觉得她很没礼貌、自私又让人气愤的女士！听了她朋友的一番话，我真的对这位女士有了新的认识。我开始重新在脑海里构建她的形象，渐渐地，我对她的抵触情绪也不那么严重了。其实，如果当时我（或者别的演讲者）能悄悄地告诉她自身的感受，并让她在随后的问答时间再提问或发表评论，问题可能早就解决了。

你经常会向自己描述不同的人。明白这一点，就能帮你把很多复杂的、具有一定挑战性的关系分解开来。

想想某个你很讨厌的人，问问自己：这个人会不会有爱他、欣赏他，甚至是珍惜他的朋友和家人呢？如果你是个诚实的人，那答案肯定是“有”；再问问你自己：那这个人的妈妈/爸爸/爱人/姐妹/兄弟会怎么形容他呢？在你的头脑里勾画一位这个人最大的支持者，再设想一下对方会怎么跟自己描述你很讨厌的这个人。

哦！这真的很困难。我们的头脑和思维一点也不愿意往那儿去想，迫不及待地要把这个人直接抹去。他们是“坏人”，我们是“好人”，这么分类方能让我们感觉舒服一点。

但是为了拥有一种“不抱怨的关系”，我们就必须明白，我们与他人的关系，最终取决于自己心里给对方的评价。不过你不必非要从描述对方开始，你只要记得将那些复杂的关系拆解开来，并且经常审视自己对关系对象的看法就可以了。

在《哈姆雷特》一书中，莎士比亚写道：“世上本无所谓好与坏，思想使然。”你可以想象一下，其实别人怎么样，都是你一厢情愿的看法。一个人并没有什么好坏之分，只是我们的思想让他们变成了好人或坏人。

所以，我意识到菲尔就是菲尔，也无所谓好与坏。我和他朋友所认识的菲尔是同一个人的不同“版本”罢了。

带着这种新的认识，我敲开了菲尔办公室的门。他从打印机上抬起头，轻蔑地看着我。我先开了口：“菲尔，你像我这么大时就开始干电台这一行了，是吧？”

“这还用问……”他不耐烦地说，“我做这行的时候你还没出生呢。”

“哼！他在讽刺我没经验！”我在心里对自己说。但转念一想，那个“好人”菲尔是不会说这种不友善的话的，我是来见“好人”菲尔的。我深吸了一口气，问道：“那你刚开始做这行时是什么样的呢？”

菲尔疑惑地看着我，想搞清楚我是不是来找碴儿的。

没等菲尔邀请，我就自己坐到他对面的椅子上了，并且努力给了他一个微笑。嗯，好像他也对我微笑了呀！慢慢地，他开始跟我分享那些“逝去的好时光”，给我讲了那么一两件过去的趣事。

一开始还有点像冰川在融化，速度缓慢，可是没过多久，我就迎来“春天”了。话题一旦打开，还真有些停不下来。菲尔接着给我讲了很多非常有趣的故事。他告诉我，他工作过的第一家电台连录音带都没有，只能用一卷一卷的录音线。如果想要对哪部分录音做修改，就得用香烟把线熔化，把不满意的部分弄掉，然后趁热再把线接起来。“我想这也是我一直戒不掉烟的原因吧。”他一边说着一边摆了摆手，那只手里似乎总夹着一根点燃的云斯顿（Winston），“知道了吧？香烟和电台是密不可分的！”

四个半小时——我在菲尔的办公室里待了整整四个半小时！他给我讲了很多著名DJ的幕后故事，他们可都是我儿时的偶像啊！我并没有假装很感兴趣的样子，那根本没必要，我是真的被那些故事给钩住了；我也并非为了让菲尔高兴，而是发自内心地为那些故事所吸引。我发现和菲尔之间多了一座“桥梁”，那就是电台——我们都深爱着的事业。将近晚上十点，我和他才想起看看时间，原来我们竟然聊了这么久！第二天还有工作要做，得去准备一下了。

在我们的对话里，我不仅修补了与同事之间的关系，还让自己心中的偶像免遭毁损。

从那以后，一切都发生了变化。我才发现，每次菲尔给我提建议，都不是在怀疑我的能力。有时他的语气会有些说教的意味，但我的态度却不一样了。我会有些同情他，知道他只是沉浸在过去的时光中，一时无法自拔。结果，我发现我不需要再为自己辩护，证明自己的实力，取而代之的，我会询问他的意见和看法，更重要的是，我学会了倾听。我改变了对他的看法，结果可想而知，我们的关系也改善了。

你想改变别人吗？你做得到的。问题的关键不在于我们能不能改变别人，而在于我们愿不愿意做一些积极的沟通。健康、愉快的关系不是利用各种手段去操纵别人，这种靠耍心机、玩手段得来的东西是不会长久的。

想要建立一种“不抱怨的关系”，不在于你学习如何去做这样的事，而在于学习如何去成为这样的人。

想要改变别人，你先得改变你自己心里对他的看法，一切转变都要从这里开始。

一切改变，由你开始

这本书中的一些观点，你以前可能听了很多遍了，觉得这种方法很幼稚、很天真。而且，或许一直有个声音在问你，为什么你要去改变？那声音在你耳边说：“有问题的不是你，而是别人！”这在我认识的一位女士身上得到了充分体现。她曾经发邮件给我，告诉我她和丈夫之间有些问题。我回信给她，建议她做些改变，以改善他们的夫妻关系。她很气愤地回复说：“为什么我要去改变？那我丈夫呢？他那些行为就由他去吗？为什么不要他去改变呢？！”

这位女士不明白，很多时候，她的行为来源于对自己丈夫形象的“再现”。就像菲尔在他朋友眼里和在我眼里是完全不同的一样。这是为什么呢？因为不同的人会对同一个人有各式各样的看法，并根据这种看法做出相应的反馈，决定用什么态度去面对这个人。而对方也会感觉到这种态度，做出反馈。

在你所有的关系里，有没有什么共同之处呢？在与他人的每一次关联当中，有什么是一直不变的吗？答案就是——你。“你”是每一种关系中最基本的要素，把“你”从关系中抽离出来，那这种关系也就不存在了。如果你能通过改变对别人的看法而去改变你们的关系，那么关系的基本动力也会发生变化。你可以花上一辈子的时间去等待、去抱怨，坚持认为别人毫不领情，白费力气去改善关系，最后一无所获；你也可以试着去改变对他人的成见，慢慢地你就会发现，你们相处得越来越愉悦，那么你就会投入更多的精力，努力为双方的关系创造出新的奇迹。

总之，你对别人的态度，最终决定了别人对你的态度。

最近，我去了趟得克萨斯州，住在奥斯汀市的一家宾馆里。这家宾馆和我以前住过的有些不一样，我要通过两扇门才能进入房间。第一扇门在宾馆主廊那里，进了这扇门一直走，就会来到一个狭小的休息室里，在这儿还有两扇门，一扇是我房间的，另外一扇是我隔壁房间的。

每天我都要进进出出几次，而且每次我都是推门就走，没有用手去拉一下，反正门上有弹簧，它们自己会弹回去的。有一天，我下午6点出门，去参加东道主的招待会，同样，这一次我也没有刻意地去关门，只是随意地让两扇门自己弹回去。就在我快走到电梯门口时，我听见背后有个女人在大喊：“你是我见过的最不体谅别人的人！”我回头循声望去，惊讶地发现她是在说我！她接着喊道：“你整天故意把那两扇门摔得咣咣响，快把人逼疯了！咣！咣！咣！没完没了！你怎么那么不体谅人，那么没礼貌！”

接着，她又说了不少挖苦的话，还抓起门把手，很夸张地向我演示应该如何正确地开、关门。她一边很慢地演示一边说：“看到了吗？这很简单：开——关，开——关，开——关！”

我嘟囔了几句道歉的话，看她气得一跺脚回了房间，真是莫名其妙。

按下电梯按钮，我开始思考和这位女士之间的关系。就在几分钟前，我们从未谋面，之间毫无关联。不过在她心里却早有芥蒂。对她来说，我就是那个“没礼貌、不体谅人的讨厌鬼”。从她刚才愤怒的样子可以看出，她早就在心里给我定性了。她一直在心里强调我是个什么样的人，当最终见到我时，这种愤恨就爆发了。

在电梯里，我发现自己也开始“再现”她的形象了。就在从6楼乘电梯直达18楼这么短的时间里，我已经找了一大堆词来形容她了：愤怒、严厉、苛刻……我还真期待晚上回去的时候，按照她的要求给她表演一下的，不就是开——关，开——关嘛！哼！她觉得我一直在摔门，那么好，我就让她瞧瞧什么才是真正的“摔门”！

我的血压和愤怒跟着电梯一起升高……

当我到达顶层，步出电梯的时候，停了下来。我意识到自己对这种抱怨关系还是不能免疫。在我心里，已经对这个女人有了很深的成见，并且还打算顺应自己的想法，给她一点教训。说实话，这种想法真的很强烈。我真想故意摔门让她听听，气气她。虽然我知道最后只会让自己更尴尬，但还是觉得只有这样才公平，我为什么要被她冤枉？既然她那么想，我就真的那样做好了。可是，这样做我心里就舒服了吗？我们之间的关系就会改善吗？答案当然是否定的。

这不是我想要的结果。不管她怎么对待我，我还是要选择其他的方式来解决问题。我会努力地去改善我们之间的关系，首先要做的就是改变我对她的看法，我要告诉自己一些关于她的不一样的事情，为她找一些“理由”。

接着，我就开始思考她这种行为的原因了。如果她前一天晚上一直都在医院里照顾重病的儿子或女儿，那会怎么样呢？她精神压力这么大，还没有好好休息，一听到关门声当然会变得歇斯底里了。或者，如果她刚刚发现丈夫背叛了她，又会怎么样呢？她只不过是想在我身上发泄一下心中的怒火罢了。

女邻居根据我们相处的经验，自己创造了一个关于我的“故事”，把她心中对我的看法强加到了我的头上。但是我不一定非要以牙还牙。要改变你对他人的看法，首先要做的就是试着向自己讲述一些关于此人的不同事情。

设想是破坏关系的白蚁。

——亨利·温克勒

因为第二天我要做个演讲，向一些人讲述“不抱怨的生活”的重要性。这真有点好笑，那位女士居然向我这个“不抱怨的人”抱怨了这么多。越想越觉得好笑，我已经忍不住笑出声来了。现在，这位女士已经从“敌人”变成我的“盟友”了，因为她为我的演讲提供了很好的范例和素材。我不再强调我是对的，她是错的，也不再想着怎么报复她了，而是试着说服自己去理解她，改变自己对她的看法。

所以，等到晚上我回去的时候，我把两扇门都轻轻地关上了。

第二天早上，我正坐在外面喝咖啡，那位女士的丈夫走了过来。他自我介绍了一下，接着表示了他对我的感谢，这不仅是因为我昨晚轻轻地关了门，也因为我没有跟他的妻子争吵。“她最近压力很大，”他说，“以前她不是这样的。真的很对不起。”

尽管一开始，我出于本能反应，要把这位女士形容成一个易怒、恼人、小气的泼妇，但是事实真的和我为她编造的故事一样。这不正是我们都想看到的吗?

正向评价，打造愉快关系

你和他人的关系，全部都来自你对他人的描述和再现。关系其实是你对他人评价和看法的一种外在的表现。这不是什么新现象，而是从人类出现以来就一直存在的事情。事实上，有一个很古老的故事，早就证明了评价他人是我们天生的“嗜好”。

《圣经》里说，亚当和夏娃一同生活在天堂里。你想想，这可是一对生活在极乐世界中的夫妻呀！但是后来发生了一些事情，让他们离开了这所乐园。

在故事里，上帝告诉亚当和夏娃，可以随意享用伊甸园里的一切，除了一样——不可以吃智慧树上的果实。这可不是普通的树，它能让人分辨善与恶。那么偷吃智慧树的果实意味着什么?善与恶又如何区分呢?

亚当和夏娃忍不住诱惑，犯下了原罪，被赶出天堂。什么是原罪呢？评价就是原罪。我们一旦认为哪个人是不好的，立马就会在头脑中存储这一想法。而且我们会一次又一次地向自己强调那些“他是坏人”的证据。之后，在每一次与这个人的互动中，我们都会带着这种想法与他交流。这种建立在负面看法上的关系，是不能在天堂中存在的，因此亚当和夏娃就被赶了出来。他们有了评判善恶的“智慧”，就不再属于天堂了。

有一个古老的故事，讲的是两个部落的人住在一个大峡谷的两端。他们想架一座桥，把两个部落连接起来。可是峡谷两端的距离太长了，两边的山崖又高又陡，没人能爬得上去，要在这样的地方架一座桥简直难如登天。这时，其中一个部落里的某人想出了一个办法。他把一根细绳系到箭上，并在箭杆上绑了一张字条，然后把这支箭射到了对面山崖上一个开阔的地方，好让对面部落的村民容易发现它。

对面的村民真的发现了这支箭，他们打开绑在箭上的字条，上面写着：“把这箭上的细绳系到一根线上，我们会把它拉回来。”这样，第一次射箭者拉回一根线，接着是一根细绳，之后是一根纱线，再之后是一段绳子，一根比较重的绳子，更重的绳子……到最后，他们终于有了造桥需要的缆绳，可以在上面架桥了。两个部落最终连接了起来。

其实，人与人之间的关系也是这样形成的。“往回拉”代表我们的所见所闻；“拉过去”代表对方眼里我们的所思所想。这样来回几次，这种相互影响的活动就使我们头脑里一些先入为主的概念不断加强了。就像两艘潜艇发出声纳，然后根据对方的位置调整航线一般，我们不断地“再现”并做出反应。

这是个自主而持续的过程，我们根本意识不到自己在这么做，它也不受我们的控制。这就解释了为什么你已经在和别人争吵，却不知道是怎么开始这场“战争”的。自己同自己的交流，会让我们产生各种各样的想法，这些想法会迅速繁衍，最终决定了我们同别人的交流方式。

一般，我们会认为“关系”就是人与人之间的互动。但事实上，这些互动只不过是关系的一种表现形式，并不是关系本身。真正的关系是两个人头脑里的再现和重述，是那些被拉来拉去的细线、细绳、丝线、绳索和缆绳。

我们是否赋予了这种互动一些积极或消极的意义，决定了我们在互动中对对方的回应。这些交织在一起的内在交流，可以成为我们通向愉快关系的牵引线，或者也可能成为勒在关系“脖子”上的索命绳。

你的评价只对自己有效

1963年，维克多·弗兰克（Viktor Frankl）出版了他的经典著作——《活出意义来》。这本书讲述了弗兰克在纳粹集中营的一些经历。他发现，那些能够在纳粹暴行下幸存的人，都有一个活下去的理由。他们的生活一直都有意义（meaning）。虽然，他们失去了亲人，要忍受肉体上的折磨和无休止的监禁生活，但如果一个失去自由的人还有活下去的理由，如果他们觉得自己的生命还有意义，那么，他们就很可能在这足以摧毁一个人的苦难中生存下来。

我们一直都在以这样、那样的方式追寻着生活的意义。正是那些有意义的事情，让人类的思想得到前所未有的发展。我们在追寻那种即使身在集中营都不曾被放弃的生活意义吗？或者我们还在不懈地追问别人为何会如此对待我们？这时，我们的头脑就成了一台制造意义的机器。

单词Mean有很多含义。它最基本的含义是“意思、意图”，比如，“What does this mean?”（这是什么意思？）或者“What do you mean by that?”（你这么说是什么意思？）等。Mean的另外一个含义是“不友善的”（unkind）。很多时候，我们在向自己描述别人某种行为的意义时，都会用到“不友善的”这层含义。我们会观察别人的行为，并且赋予这种行为一定的“意义”。通常，我们都会认为他们所表达的是一种“不友善”的“意思”（mean）。

我们的“意义制造机”（头脑、思想）断定了一件事，那就是——别人是不友善的。

20世纪70年代，心理学界出现了一个崭新的领域——“叙事心理学”（Narrative Psychology）。叙事疗法认为，人们通常会创造一些“故事”，在这些故事当中寻找活下去的理由，并在这一过程中，逐步形塑和认同自己的身份。叙事心理学先锋丹·麦克亚当斯（Dan McAdams）说过：“我们都是故事的讲述者。我们一直在把生活中一些零散的、令人迷茫的经历连接起来，赋予它们一定的连续性。”也就是说，我们会把生活中的一些事件，演化为一个有意义的故事，讲给自己听。

我们会接受自己创造的这个故事，并认为它是真实的。这时，我们就会努力地去寻找一些经历，不断加强这个故事的正确性。如果我们觉得哪个人曾对我们不够友善；或者我们的配偶、老板、商店的店员，以及一些处于类似位置的人，曾对我们不友善；甚至某个人跟曾对我们不友善的人长得很像，我们都会往最坏的地方想。这时，我们会进入一种防御状态，做好“战斗”的准备。而对方也会觉察到你的敌对情绪，真的会像你想象的那样来对待你。这个是自动而不受控制的过程。它发生得如此迅速，以至于双方都不知为何如此，但彼此的反应会进一步加强这种敌对气氛。

你有没有这样的经历？——你遇到某个人，而且一看就知道，他不喜欢你。我们经常会遇到这样的情况，某些人对我们怀有很大的成见，并且肯定地认为，我们就是这样。而我们也能从他们的态度、行为当中感受到这种成见。不管我们做了什么，都只是在加强他们对我们的这种错误评价。这种事真的很让人不舒服，一点也不公平。我们觉得自己被冤枉了，认为自己受到了诋毁和攻击。

那么，一个人在觉得自己受到攻击时会做些什么呢？他会“反攻击”！他会用自己的思想和假设作为一种“武器”，开始一场精神上的战斗。他会把所有的消极因素归结到对方头上。为了让自己觉得公平，他会不自觉地在头脑里编造一些故事，贬低对方。他觉得，只有那些内心阴暗、行为卑劣的人，才会把别人想得那么糟糕。他会这样想，“他不喜欢我？哼！肯定是因为他太蠢了，蠢到只能待在这个小便利店里当个收银员，连份正经的工作都找不到！”就这样，错上加错、你来我往之后，事情朝着最坏的方向发展了。

对于你生命中的每一个人而言，你都在扮演着圣诞老人的角色。你来决定他们是“淘气”还是“乖巧”。可是，你的评价只对自己有效，别人没必要和你持同样的看法。你对他人的评价只不过是自己创造的故事，说实话，它们甚至比“圣诞老人”更梦幻。

我不是说你不应去分辨对自己最有利的东西。为了我们物种的生存和延续，分辨什么是健康的、有益的，什么是有害的、危险的，是很重要的事情。现实有时会让人感到伤感，有一些人为了所谓的“挑战自己”，会做出一些不正当的举动，他们变得很好斗，富有攻击性，没人敢和他们接触。对于这样的人，我们应该怀有一颗怜悯之心，知道他们肯定是受了很深的伤害才会变成这个样子的。被别人伤害的人，也会去伤害别人；受伤的人才会伤人。

“怜悯”（compassion）就是“对肉体上或精神上遭受折磨的人表示同情，并强烈地希望他从痛苦中解脱出来。”这是一个内在的过程，是对别人痛苦和烦恼的理解。但是“怜悯”并不是去改变或“拯救”别人。你可以向别人伸出援手，但这不意味着你要伸出手去让他咬，这不是怜悯。每个人都有自己的路，没人是为了让你改变他而来到这世上的。总是试图去干预别人，以为这样就能让他从痛苦中解脱——这并非真正的怜悯。

分辨和评价的差异

你可以去分辨别人的出现能否帮你的灵魂得到升华，能否帮你感受更多的欢乐和人间的美德，能否让你发现自己的内在美和更多不平凡的事。但是，如果他们帮不上你，也要祝福他们，不能对其妄下定论。

分辨和评价是不一样的。分辨，是让你测定什么东西能够保护你、满足你，并给你带来快乐和幸福。而评价，来自你内在的需求，你要通过评价来证明你所做的决定是对的。评价只不过是在为你的决定寻找一种证据。当你发现自己的决定可能不正确的时候，你就会用评价和愤怒掩盖自己内心的不安，让别人以为你是对的。法国小说家和剧作家雨果这样写道："激烈尖刻的言辞背后，都隐藏着一个虚弱的理由。"当你觉得自己的理由不够充分或者苍白无力时，你就会尖刻地指责别人，企图用这些激烈的言语来证明自己是对的。在现实的关系里面，经常会发生这样的事情。

"新年"是个很有意思的概念。在脑海里我们创造了一个关于新年的故事，并且坚信，就像日历所显示的那样，人们会在每年的12月31日那天，伴着午夜的钟声，从一年跨到另一年。我们会带着各种美好的期望，举行盛大的欢庆仪式。"新年快乐！"我们向每一个人喊道。我们相信，在未来的365天里，生活会有很大的改善，大家都在期待着那些美好的事情。新年真是太棒了，就让它快些到来吧！在美国，我们会用阳光、快乐的婴儿来象征新的一年，而用干瘪疲惫的老人象征萧条逝去的旧时光。我们总想让旧年快点结束，好去迎接新的一年。

讽刺的是，即将结束的这一年，正是我们在12个月前为之大肆庆祝的那一年，现在它就像一条烂鱼一样，被我们扔到了垃圾桶里。

12月31日和一年中的其他日子，比如5月10日，有什么不同呢？一年和另外一年又有什么不一样呢？它们之间的不同，只是在于我们为其创造了不一样的故事，我们赋予了它们不同的意义。我们告诉自己，新的一年代表了希望，我们应该去欢庆这美好的未来。然而，当过了几个月的时候，关于我们生活的那些老故事就闯进来了，它们就像潮水一般，将那些新年的渴望和期待统统压碎、淹没……就这样，一直到下个新年来临……我们一直在重复着这个过程。

我们每个人，都是叙事心理学中活生生的例子。心理学家丹·麦克亚当斯进一步阐述了这个观点：“从青春期开始，我们就开始为自己创造一些很有戏剧性的故事。这当中，我们会有选择地发掘出一些经历，也会刻意忽略甚至忘怀一些经历。”而塔迪亚斯·戈拉在他的著作《懒人启蒙指南》中，是这样描述的：“你所说的话，只对你自己或是同意你观点的人起作用。”

改善关系的秘密

如果你真的想改善你和别人的关系，就必须要承认，“你”才是各种关系中最主要的因素。你和别人的关系是你对他人看法的一种反映。你可以向自己讲述一些关于别人的不同的故事，试着去改变对别人的看法，把别人列到你的“乖孩子”名单里。这样，你和他们之间的关系也会得到改善。

几年前的一天，我和妻子桂儿外出同朋友吃晚饭。聚会结束后，我们开着各自的车一起回家，我开在前面带路。虽然桂儿就在我后面不远，可是我却很难从后视镜里确定她的位置，不知道她是不是紧跟着我。因为她的车灯太暗了，根本照不了多远，这让我很担心她的安全，万一别的车看不到她怎么办?

我们到家后，我就告诉桂儿刚才的担忧，那样很不安全。她也说因为车灯太暗，很难看见前面的路，还告诉我说这种状况持续了快一年，而且更奇怪的是，它们是一点一点变暗的。

"我本以为车灯要是坏了的话，它会一下子就熄灭了呢，没想到它会像现在这样一点一点地变暗。"桂儿说。我跟她一样，从来没遇见过这样的事。所以我们认为问题肯定很严重，不仅是灯泡坏了，估计这辆车的发电系统也快坏了。

第二天，我们就把车送到附近的修理厂去维修。取车的时候，我问修理工要给他多少钱。

神奇的是，他居然说："不要钱。"

"不要钱?！"我问，"为什么啊?"

"灯泡和发电系统都没坏。"他解释说，"只是你的头灯太脏了。"这个说法有点让人难以置信，桂儿是个爱整洁的人，总是把车清洗得非常干净，她还经常拿这个来炫耀呢！修理工看到我脸上迷惑的表情，说："您妻子的车装的是弹跳式的车头灯。她在夜间开车时，会把头灯打开。而车灯一旦弹跳出来，一些小飞虫啊、灰尘啊，还有其他脏东西就会粘到那上边。"

"可是她每周都会洗车啊。"我说。

"你看，除非她洗车时把头灯打开，它们才会弹跳出来，要不然她是无法清洗到头灯的。时间一长，车灯上的脏东西越积越厚，光线就很难透过来，所以呢，在你们看来，车灯就越来越暗了。”

想想那些对你来说很有挑战性的关系吧，它们又何尝不是这样呢。表面上看，你觉得自己已经尽力了。可能你在面对那个人时，会有意识地朝他微笑，或许你也做了很多事情，想尽办法让他高兴……但是实际上，这些都是没用的。你虽然认真地清洗了汽车的表面，可是头灯还是不能发出光亮，因为你忘记了去清洗它。问题不在于事物的表面或外在，而在于事物的内部。你会在一段时间里，不断地向自己讲述关于那个人的故事，时间一长，你就觉得他就是你想的那样。可是别人不一定也这样认为，你对他的看法，只是你一个人的观点。你可以改变你所创造的故事，进而改变你们的关系。

现在，你可能要问：“你是不是在建议我，要不断地问自己，我是怎么向自己描述遇见的每一个人的？”是的，完全正确。

“可是，总是一个劲地问自己对别人的看法，不会让我发疯吗？”不会的，因为你已经疯了。其实，除了“思维混乱”之外，“疯狂”（crazy）还可以有其他更好的定义。

这是可以让你更清醒、更理智地看待别人的第一步，更重要的是，它可以让你和别人的关系更和谐、更愉快。

伟大的精神导师和作家一行禅师曾这样写道：“你种下一株莴苣，如果它长得不好，你不会责怪莴苣，而是会找一些其他的原因：可能是因为没有足够的肥料或水，也可能是阳光不够充足，总之你绝不会责怪莴苣。但是，如果我们和朋友、家人的关系出现了问题，我们却只会责备别人。其实人与人的关系就和莴苣一样，只要你精心呵护，都可以有很好的结果。责备根本不会起什么积极的作用，争吵、劝说也是一样。这是我的经验之谈。如果你能明白，并且也愿意这样做，那么你就会去爱别人，之前不好的关系也会得到改善。”

■要想改变一个人，首先，你就要改变自己对他的看法——这是改变别人的唯一途径。

■你经常会向自己描述不同的人。明白这一点，就能帮你把很多复杂的、具有一定挑战性的关系分解开来。

■一个人并没有什么好坏之分，只是我们的思想让他们变成了好人或坏人。

■想要建立一种“不抱怨的关系”，不在于你学习如何去做这样的事，而在于学习如何去成为这样的人。

■你可以试着去改变对他人的成见，慢慢地你就会发现，你和对方相处得越来越愉悦，那么你就会投入更多的精力，努力为双方的关系创造出新的奇迹。

■当你觉得自己的理由不够充分或者有些苍白无力时，你就会尖刻地指责别人，企图用这些激烈的言语证明自己是对的。

■你所说的话，只对你自己或是同意你观点的人起作用。

·不·抱·怨·行·动·

■选择一个和你关系很好、相处融洽的人，写下你对他的看法。

■再选择一个和你有矛盾的人，写下你对他的看法。

■思考一下，你认为不太好相处的那个人，他的朋友们对他有什么样的看法。想象他最好的朋友、母亲或者崇拜者会怎样描述他，并把这些也写下来。

■下次你再和这个人产生矛盾时，积极地让自己去欣赏他、崇拜他，试着把他归结到你的“好孩子”名单里。

■不管什么时候，只要你在和别人相处，都要问自己：“我是如何向自己描述这个人的？”

Part 2

当不同世界碰撞时

- 向自己的内心提问
- 别把“不同”视为“不一致”
- 永远不要为现实争辩
- 开心或愤怒，精彩二选一
- 释放你心中的仇恨
- 宽恕就是给予
- 制定标准，才能避免分歧
- 成功沟通“三步法”
- 关系中的“吸引力法则”

事实和真相是最重要的，你与事实争辩的结果，就是你自己吃亏受苦。

——拜伦·凯蒂

向自己的内心提问

一天早上，我一觉醒来心情好得不得了。我几乎是蹦跳着来到厨房，给自己煮了点咖啡。厨房的窗开着，我站在那里，尽情地呼吸着早晨清新的空气。马儿们在吃草，小鸟在捉虫子，多么美丽的画面啊！心情真好！我又到外面喂我们的小狗。我爱抚着它们，和它们玩了好一会儿。

我回到屋子里，给自己倒了杯咖啡，开始了清晨的祈祷。我还有一整天的工作要做，不过似乎时间很充裕。我沉思了一会儿，然后去锻炼，回来后给自己做了早餐；吃完早餐之后，回复了一些邮件；打了几个电话，洗澡，穿上外衣，最后开车去上班。一切都进行得有条不紊，这真的让人很舒服。我是那么的开心、快活。

一整天都是这样，轻松、愉快。我悠闲地处理好每一件事情，和朋友、同事们的互动也很让我满意。回到家里，妻子、女儿都在等着我，我和她们一起度过了一个愉快的夜晚。嗯……这真是美妙的一天。

可是第二天早上醒来时，24小时前还围绕着我的某些神奇力量，一下子都消失了，就好像被人拔了电源插头一般。我感到不安和郁闷。喂那些宠物简直成了一件烦琐的差事，只会让人心烦，它不再是一种乐趣了。一整天我都觉得时间不够用，每件事都不能按时完成。我觉得没法和别人清晰地交流，一点小麻烦也会让我发疯。真盼着这一天早些结束。

为什么会发生这种变化呢？在第一天和第二天之间没有发生什么糟糕的事，只是我在这两天的情绪有所不同而已。我不知道是什么原因把我从头一天善良的“好好先生”，变成了第二天的“暴躁狂人”。我并没有改变生活规律，吃饭、运动都和前一天一样。我也像往常一样补充营养，可是为什么会这样呢？我一直在思考着这个问题。我把第一天和第二天做了比较，似乎哪里出了问题。

这种事真的很常见。不管你有没有注意到，你肯定都有过这种经历。其实，发生改变的是我们自己，第一天的你和第二天的你是不一样的。这种状态上的改变，受很多因素的影响，睡眠时间和质量、食物的种类和数量等，都可以影响你的外在面貌；同别人的互动、交流也可以改变你的情绪和状态；就连天气也会让你的心情和行为有所变化，甚至你做梦的内容在一定时间里，也会对你产生影响。

某天早晨，我像往常一样醒来，却发现我那一向乐观、好脾气的妻子心情似乎很差。我问她怎么了。她生气地看着我，说："你骗了我！"天哪！这真是太意外了，我脸上布满了震惊的表情。还没等我否定她的控诉，她就补充道："昨晚我做了个梦，梦见你欺骗了我。对不起，我知道那只不过是一个梦，可是无论如何，我就是无法忘掉它。"

古希腊哲学家说过："人不可能两次踏进同一条河流。"河流是一直在流动的，当你站在河边，你面前的水已经不是几秒之前你所看到的水了，当然也不是几秒之后你将要看到的水。河水一直在流动，你所说的"河流"一直都在这里，但河流里面的河水却一直在流动、变化着。人也是这样，每一天、每一刻，我们都在发生着或细微或巨大的变化。

而这些变化所产生的影响，可以在我们与他人的关系中体现出来。如果一个人总是不断地变化，那么他和别人的关系也会建立在一个不断变化、重新排列的基础之上。就像地壳板块的运动一样。这种关系可以给你带来很多美好的、不可思议的新发现，也可以是一场十级大地震，摧毁一切，带来巨大的破坏。

很多打算结婚的年轻人都会来向我寻求一些婚前忠告，我经常会把这个古老的格言讲给他们听："男人娶了女人，认为她永远都不会变。女人嫁给男人，认为她可以改变这个男人。可是，他们都错了。"

变化是一直持续、无法避免的。我们如此，别人也是一样。我们永远也不可能停下来。如果我们能为这种变化感到惊喜，而不是把它看作关系威胁的话，它就会为我们的关系创造出新的境界。不必非要到关系之外去寻找新的经历、新的关联、新的意义和新的成长，就在我们现有的关系当中，你就可以找到梦寐以求的东西。

通常，在一段关系结束之后，人们都会做出这样的解释："我们不合适了。"虽然成年之后，我们身体各部分会停止发育，但是只要我们还活着，精神就会一直成长下去。它会重塑我们的性格和品质，让我们以新的面貌示人。每个人都是不同的，当人们发现他们已经"不合适"时，他们不会再像从前那样，只会注意到对方吸引人的一面；现在他们开始关注彼此的不同了。如果最初让他们走到一起的原因发生了变化，就算有时这变化会带来很多美好的东西，就算对方变得更加令人欣赏，他们也会觉得难以接受。当有人问起视效艺术家查克·克劳斯（Chuck Close）他和妻子的关系时，他会告诉你："我结婚40年了，这不仅仅是一段婚姻——到了这个时候，我已经拥有了四五段完全不同的婚姻。人们都希望自己和配偶能够以和谐一致的方式相处，希望现在有新的理由要和她（他）在一起。但是这理由和你最初想要和她（他）在一起的理由则是完全不同的。"

男人在挑选领带的时候，肯定会先看看自己的西装。他要看看这套西装里都有什么颜色和图案，而他自己又想要突出哪几种。然后他就会选择一条合适的领带，来突出这些特点。那么领带的颜色要跟衣服中的每一种颜色都搭配吗？当然不要，那样看起来会十分造作，一点吸引力也没有。领带的颜色和款式，一定要为着装的整体效果起到画龙点睛的作用。

想象一下，一位男士搭配了一套西装领带之后，穿着它去上班。吃过午饭之后，他会照照镜子，看看自己的衣服是否依旧整洁。这个时候，他开始注意到领带和西装的颜色有些冲突，可早上他还觉得很合适呢。虽然现在这条领带的大部分颜色和西装还是很配的，但是他的注意力会停留在突兀的地方，怎么看都觉得不满意。

我们与他人之间的关系发生了变化，是因为我们在变，别人也在变。当这一切发生时，我们有两种选择：一种就是把精力都放在彼此间的不同上，而另一种就是回头看看，仔细想想一开始时，是什么让我们觉得彼此很相配，再去寻找共同点。就像西装和领带一样，你现在觉得它们不匹配了，但是通过这样的思考，或许可以试着寻找一种新的组合方式来搭配它们。你之前之所以没发现这种新的搭配方法，是因为那时它还不存在。

还记得我在这章一开始时提到的那个故事吗？第一天的我还轻松欢快，隔天的我却变得烦闷压抑。其实这两天本身并没有什么不同，只是我不断地比较才让第二天显得如此让人难以忍受。在那一天，我一直反复地问自己一些问题，比如：

“我今天是怎么了？”

“为什么我今天没有昨天感觉那么好呢？”

“我怎么才能像昨天那样呢？”

我一遍一遍地问自己，这无疑让第一天和第二天之间产生了一种消极的对比。在我心里，第二天是“不好的”“错误的”“令人沮丧的”……而上面的那些问题，又进一步加强了这种印象，让我本来就很糟糕的心情更加烦闷了。

我曾经参加过一场研讨会，一位与会者在发表演讲时问我们："吸引别人注意最好的方法是什么？"所有的参加者都静静地坐着，等待他的答案。他重复了一遍，"吸引别人注意最好的方法是什么？"我们都对这个问题很感兴趣，十分期待答案的揭晓。可他还是没有回答，只是又重复了一遍，"吸引别人注意最好的方法是什么？"这次，大家才觉察他原来是想让我们来回答这个问题，所以观众们开始喊出一些可能的答案。但这位演讲者却没有理会这些反馈，还在重复着，"吸引别人注意最好的方法是什么？"直到几分钟之后，我们才反应过来，原来他已经将答案告诉我们了！他不是一直都在用他的行动向我们展示了答案吗？我们当中的很多人都只关注于问题的本身，让思维偏离了正常的轨道，所以当答案已经揭晓时，也没有察觉到。"这个问题的答案是什么？"大家都想知道。而答案就是那个演讲者一直在重复做着的事情——提问。我们提出问题，才会去思考这个问题，关注这个问题。

在和别人交往的过程中，什么是你关注的焦点？你是不是经常问自己，是什么让你接近或离开这个人？你喜欢他什么，又讨厌他什么？他的哪些优点让你欣赏，你又希望他做何改变？你怎么才能让他高兴？或者为什么他会让你伤心？

在第一章里，我们讨论了关系是如何反映你对一个人的评价和描述的。那么是什么在控制这种描述的过程呢？就是你问自己的关于对方的那些问题。

你有没有问过自己，为什么领带中的某些颜色和衣服不匹配？又有哪些颜色和衣服是相称的？你喜欢这种搭配吗？

别把“不同”视为“不一致”

我得承认，在和桂儿交往的前几年里，我一直都认为，她在很多方面都应该做出改变。我经常问自己一些问题，比如，“我喜欢坐过山车、玩壁球、潜水——她为什么就不能像我一样多些冒险精神呢？”“我是个外向的人，喜欢把什么事都说得很透彻——她为什么不能像我一样能言善辩呢？”这些问题让我觉得，桂儿应该改变自己。

实际上，我是把“不同”和“不一致”混为一谈了。单词“compatible”的意思是“能够以一种和谐一致的方式共存并发挥作用”。想要有和睦协调的关系，你和对方不一定非要有很多共同之处。事实上，当你不再把彼此间的不同看作关系障碍时，是可以创造出和谐的，所谓“互补”说的就是这个道理。一首动听的歌曲，是歌唱家用不同的声调演唱出来的。不同的声调才创造出和谐的旋律，要是一首歌只有一个调子，那也就不是歌了。

不要把“不同”和“不一致”混淆在一起。如果你正好遇见类似的问题，那么就请你用心地想一想，反复地问自己：“我们怎么才能以一种和谐一致的方式相处下去呢？”答案可能就在你面前。

人们总是这样认为，和自己有关系的人，比如，家人、朋友等，就应该和他有相同的性格和爱好。如若不然，那么他们间的关系肯定就存在问题。这是因为大多数人都有种不安全感，需要向别人证明自己的价值和重要性。一旦他们的兴趣和品位不能得到认可，他们就会怀疑自己的价值，担心是不是哪里出了问题。

曾有一对夫妻来向我咨询。在同他们的对话中我发现，他们的性格和爱好差别极大。他很外向，喜欢社交活动、远足、滑雪和火车模型。而她呢，非常内向，喜欢读书，玩猜字谜游戏，爱听音乐，还喜欢练练瑜伽。他们有三个孩子，一家人过得很快乐，可美中不足的是，他俩一点共同爱好也没有。

妻子承认很享受现在的日子，但总是抱怨丈夫不能参与到她喜欢的活动中来。而丈夫回应道："她要我做什么我都乐意，可她就是不开心。"丈夫说他已经告诉妻子无数次了："不管你要我做什么，我都会全力以赴的，只要你说出口。"

她看着他的眼睛，然后又跟我对视了一下，接着就低下头去盯着自己的脚尖，说道："我不是要强迫你做那些事，我只是希望你能和我有点共同爱好。"她把两人的不同看作了一种不和谐。我建议他们可以尝试着去参加一些新的活动。也许这样，两人就能找到一点共同爱好了。如果还是不行的话，那么就请给她你的时间和关怀——这是一个人能给予别人的最好的礼物。

每个人都有自己的风格，都是独一无二的。把别人的特点看作错误，只会危害到你和他们的关系。我们需要做的，就是去欣赏彼此的共同之处，对于彼此间的不同，也要欣然接受。这样你想要的和谐关系就能建立起来了。

在同桂儿一起生活了这么多年后，我开始学着去关注她身上的优点。比如，桂儿是个干净整洁的人，把我们家打理得一尘不染，井井有条。她总是在清理、粉刷或者栽种些什么东西。她整天围着屋子转，有时真想让她停下来，大家一起去骑骑马、打打高尔夫、游游泳或者看场电影什么的，可那简直太难了。很多年里，我都在问自己："为什么她这么爱干净啊？为什么她不能暂时放手，去享受一下人生的快乐呢？"受了这些问题的控制，我把关注的焦点都集中在了她所缺失的东西上。

可是之后发生的一些事，却让我改变了观点，开始懂得欣赏她的这种"洁癖"。

一天晚上，我、桂儿，还有几个朋友一起到另外一对夫妻家做客。这对夫妻看起来什么都不缺：他们住在一处高档小区里，房子很大也很气派；他们的孩子漂亮又可爱，好像随时都准备好让劳拉·阿什莉（Laura Ashley Kids'，一个童装品牌）的摄影师来拍童装广告一般；夫妻二人都是那种非常有魅力的人，丈夫高大健硕，有着很坚毅的方下巴，一双蓝色的眼睛，一头棕色的卷发，英气逼人；妻子身材修长，金发碧眼，完美的鼻子加上一口洁白、整齐的牙齿，足以让任何整形医生感到骄傲。

一进他们家的门，我就想起约翰尼·卡森主持的一期《今夜秀》(The Tonight Show)。那次喜剧演员乔治·戈布尔（George Gobel）作为当天的最后一位嘉宾出场。在他之前，还有两位当时的大明星鲍勃·霍普（Bob Hope）和迪安·马丁（Dean Martin）。戈布尔看了看霍普和马丁，然后开玩笑说："你们有没有过这种感觉？——世界是一件黑色晚礼服，而你却是一双棕色皮鞋？"嗯，在这对夫妻的家里，我感觉自己就像一双棕色皮鞋，和整个环境格格不入。

聚会的中途，我需要去下洗手间，那位漂亮得让人眩晕的主妇告诉我："走廊一直走到底，左边最后一个门就是！"我走到了走廊最里面，却不小心打开了右边的最后那扇门——那里是夫妻俩的卧室。天哪！我简直被自己所看到的一切惊呆了！这个屋子太肮脏了！我说的不是"不整洁"，而是"肮脏"。床上没收拾不说，各种颜色的衣服堆得满地都是，最恶心的是，地上居然还有几坨狗粪！那股恶臭真是让人无法忍受！

我们刚来他们家时，我还在问自己："为什么我们没住在这么好的小区呢？"说来有点惭愧，我还问过自己："为什么我没娶到这么漂亮的老婆？"（说不定桂儿也在把我和这家的男主人做比较呢）而当我偶然闯进他们的卧室，看到了这令人作呕的一幕之后，想法彻底改变了。"我怎么会对桂儿爱干净的好习惯那么不满呢？"我是个多么幸运的人啊！虽然桂儿的"洁癖"比较严重，但总比他们这种表面上的风光好得多。

顺便说一下，这对夫妻后来离婚了。就在那次聚会大概一年之后，他们大吵了一场。正是那种努力要向外界展示完美形象的压力，最终导致了两个人的分手。

永远不要为现实争辩

每一时刻的我们，都是不同的。河水一直在流动，不可能两次踏进同一条河流。我们都是一直在"流动"、成长和进化的存在，因此，我们的关系也会随着这些变化而变化。每个人都活在自己的世界里面，这个世界在不断地变化发展，而且会按照他们的观点进行重塑。你是不是在问自己一些问题，它们能引发你对变化的欣赏，也能让你对这一不可抗拒的过程咒骂不停。你是不是一直在问自己，是什么让你对某人喜爱、欣赏，或者是什么让你对他愤恨不已？

我们的生命是一个不断发现和成长的过程。各种各样的经历，让我们有了衡量情感的新标准。一个人在不同的时间里会有着不同的变化，要让自己去欣赏他的这种变化，而不是一味地感叹："他怎么会变成这样！"也不要把自己的意志强加给他，这样，我们的关系才会达到一个新的高度。

因为我们每个人在特定的时间里情绪差别很大，每个人都有独一无二的观点和想法。所以，我们所做的最坏的事情就是因为"现实"同别人争辩。但是在很多焦头烂额的关系中，人们却经常这么做。

我女儿莉娅12岁那年，我和她一起去迪斯尼乐园玩了一星期。期间有一次，我打电话到迪斯尼的主题饭店订了位，之后我们就到一个景点去游玩。就在排队的时候，莉娅问我："我们晚餐定的几点？"

"七点。"我回答。

"你告诉我六点半啊。"她说。

"没有，我没那么说。"我微笑道，"是七点。"

"那你为什么告诉我是六点半？"她一边说一边转过身看着我。

"我没有。"我的微笑开始消失了。

"你有，爸爸。"

“我没有，伙计。”

“你有。早上我们在宾馆阳台上的时候，我问你我们今天几点去吃晚饭，你说的就是六点半。”很明显，她的音调升高了。

“不，我没有。”我也增大了音量。

“你有。”

“我没有。”

“你有。”

“我没有。”

接下来是没完没了的争论。

我们到这个“世界上最快乐”的地方来玩，现在却为了争论谁说的“事实”更准确而大动肝火。真是讽刺！

我禁不住又向自己提问了：

问题：在我和莉娅的对话里，什么是我们争论的主要焦点？

答案：我们晚餐预定的正确时间。

到底是我说错了还是她听错了，这很重要吗？当然不重要。可是我们却发现自己不知不觉地开始了一场毫无意义的争论。为什么会这样？因为莉娅一直在问自己这些问题，例如：

“为什么爸爸一开始告诉我的时间，和现在告诉我的时间不一样？”

“他怎么了？”

“他为什么不承认自己错了呢？”

而我也在向自己提问：

“为什么她老是跟别人争辩？”
“她怎么能这样跟自己的爸爸讲话？”
“为什么我跟她说话时，她总是心不在焉？”

听听别人的对话，你会发现，他们都在为现实无休止地争论着。他们都在试图证明自己的说法才是正确的。为现实而争论是导致失败的主要原因。每个人都生活在自己的世界当中，虽然这个世界会因为个人的变化而不断转变，但他们还是认为，只有自己的世界才是唯一的、正确的现实。对他们来讲，那就像是一种不动产。一旦我们企图证明自己的观点是对的，而别人的观点是错误的时候，最终都会以争吵收场。这样只能让问题变得更复杂，让双方都受到伤害。

随着争吵的不断升级，我和莉娅都开始变得很生气，说话的语气越来越差。好在我的幽默感还没彻底消失，知道在这个虚幻的世界里为现实争论是件多么可笑的事情。在我们的快乐时光还没被彻底毁掉之前，我先熄灭了“战火”。我说：“可能是我说错了，也可能是你听错了，但不管怎样，我们的晚餐都定在七点。”

听了这话，莉娅在愤怒的“指控”中停了下来，转过身去接着排队。不过还是不认输地背对着我嚷了一句：“你说的就是六点半。”不过这次，她言语里的火药味没那么强了。

“如果我真是这么说的，那么对不起。”我说道，微笑又回到了我的脸上。

请注意，我并没有简单地说一句：“对不起，你是对的，我是错的。”我有自己的记忆，同时也尊重莉娅的说法。这样事情就会朝着更重要的方向发展——让我们俩玩得开心。在任何关系中，无论是夫妻关系，同事关系，兄弟姐妹关系，让双方都有愉快的经历，不正是这些关系的底线吗？又有谁不希望能与他人快乐地、开心地交流呢？

约翰·列侬（John Lennon）曾经一语双关地说过：“现实总是留给想象极大的空间。”为何这么说呢？因为现实是个相对的概念。你有你的“现实”，而别人也有他们自己的“现实”。它们是独立的、截然不同的，而且也是在不断变化的。你要习惯这种“现实”。

“现实”不一定总是正确的，就算在法庭上也是如此。很多调查研究都表明，目击证人的说明是一场审判中最不可靠的证词。他们在描述所发生的一切时，会把自己的想法、情绪、偏见、感情以及其他很多因素掺杂进去，从不同角度掩盖了事实的真相。

如果你曾经历过交通事故，就会知道这一说法是多么正确。就在事故发生几分钟后，你和另一个目击者开始向警察讲述事发经过。这时你会发现，大家的记忆迥然不同。你们都在现场，也都是从自己的角度阐述事实。但是到最后，警察能做的，只是去分辨你们谁的说法更可信，或是看怎样组合证词，才能让案件更合情理。目击者似乎都在证明自己所经历的就是“真相”。可这时“真相”已经离“现实”很远了。因为，现实总是留给想象极大的空间。

约瑟夫·坎贝尔（Joseph Campbell）说过：“现实是英语中唯一一个总是应该被加上引号的单词。”所谓“现实”都是相对于说明它的人而言的。为了当下的“现实”而争论，对双方来说，都是件很可悲的事。我们都生活在自己的世界里，当不同的世界交汇到一起时，关系也就形成了。如果我们坚持认为——自己的世界才是唯一正确的，那么实际上，我们是在为所处的关系制造麻烦。

我有个很特别的爱好——喜欢在下午没事时，溜出去看场电影。有时我选对了场次，整个放映厅里就只有我一人。我很享受这样的时刻——一个人坐在空阔的场子里，让我觉得自己很像电影院的老板。

几年前，在连续工作了几星期之后，我决定让自己好好休息一下，就偷偷地跑到当地的一家电影院去了。我在观众席的正中给自己找了个好位子。灯光渐渐暗下来，我很开心地发现，电影院里只有我一个人。可就在开始播放片头字幕时，一对老夫妻走了进来。这家电影院里有400多个空座位，可他们偏偏坐在了我正后方的位子上。

现在，我需要讲述一下我这些年的“影史”。虽然没什么可自豪的，但我过去真的是个“秩序监察员”，要是有人敢在电影播放时说话，我会毫不犹豫地给他们一记“眼刀”；要是他们不予理会，我就会“嘘”一声，提示他们保持安静；如果他们依旧聒噪，我就只好去请电影院的经理了，这虽然有点尴尬，但是过去我一直都这么做。我并不为此感到骄傲，只是习惯了看电影时享受安静。有趣的是，当我不那么在意是谁破坏了我的“安静法则”时，却发现周边说话的人越来越少了。可能那些“没修养”的人也是被我的挑衅行为激怒的吧，我越是阻拦，他们就越要讲个不停。

我们接着讲上面的故事。电影一开始，那对坐在我正后方的老夫妻就开始侃侃而谈——很大声地说个不停，他们哪里是在聊天，简直就是在“喊话”！有几次我真想“嘘”一声，让他们安静下来。我甚至还想过去找经理。可是最后压下心中怒火，告诉自己：“我老了的时候说不定也这样呢！”“不要去找麻烦了，跟他们发火又能怎样呢？还是好好欣赏电影吧。”有时他们的声音太吵，我就会跟自己说：“电影院这么大，不行我就坐到别的地方去。”这么一来，我就把他们的声音屏蔽掉了，饶有兴致地看完了电影。

散场时我站起来想要离开，这时我才第一次看清他俩的样子，他们真的很老了。那位老先生慢慢地从椅子上站起身，我才发现，他戴着助听器。这时老人又转身去搀扶他的太太。她也很老了，和老先生差不多的年纪，连站起来时都有些颤抖。她一边起身，一边拉开了一根伸缩手杖，那是一根顶端是红色的盲人手杖！这一刻，我突然明白他们为什么会在看电影的时候讲话了。

在我的“现实”里，他们没有一点看电影时应具备的礼仪，那么多空座位却偏偏坐在我身后；在我的“现实”里，他们一直都对屏幕上明摆着的场景做些空洞的评论，那些谈话真的毫无意义；在我的“现实”里，我比他们“有素质”，因为我并没有因为他们的行为大声抱怨。我理所当然地认为：“像他们这么大的年纪，应该懂点礼貌才对！”

这就是我的“现实”。可是现在，当我看清这对夫妇的样子时，现实却出现了另一个完全不同的版本。我看到了他们的世界——那个令我感到意外的现实。那些讽刺挖苦的想法早就一扫而光。我看到了他的助听器，还有她的盲人手杖，明白了他们之前的谈话并不是什么没头没脑的闲聊——她几乎什么都看不见了，他就把那些场景用自己的语言描述给她听；而他几乎什么都听不见，她就把那些他听不到的台词复述给他听。

我已经忘了那天看的是哪部电影，可我永远也不会忘记那对相爱的老夫妻，互相搀扶着微笑走出电影院的样子。

开心或愤怒，精彩二选一

佛说：“眷念是一切痛苦的根源。”我们每个人都生活在自己的世界里。这个“世界”完全是由我们自己创造出来的，所以我们会对它有很深的依恋。表面上看，我们的“世界”和别人的“世界”并没有什么不同，但实际上，每个人的世界都是独一无二的，我们用思维创造了一些意义和关联，并把这些赋予到自己的世界当中。我们的世界是由我们的想法排列而成的一个连续性的故事。它看起来很真实，可实际上只不过是一个故事，一个传说，一个寓言——是完完全全的虚构。

每个人所处的世界，都会影响他与其他人的关系。为了更深刻地理解这一点，你可以想象一个分离舱似的房子正飘浮在太空中。它宽敞明亮，质朴舒适。而这个太空屋就代表着一种潜在的“关系”。促使你们来到这个“太空屋”的因素有很多，任何能让你们相遇的事物，都可以成为这种关系的起因——也许你在洗衣店门口排队时，他就站在你旁边；也许你上课时他就紧挨你坐着；也许他是你的同事；或者由共同的朋友介绍你们相识……不管是什么原因让你们走到一起，你们已经被聚拢到这个叫作“关系”的太空屋里了。这屋子有几面白色的墙，上面空空如也。不管你们在这里停留多久——几秒还是一辈子，都无关紧要，最重要的是，你们已经来过这个舒适、洁白、纯洁无瑕的“太空屋”了。

虽然你们已经来到了一个新的天地，可都还眷恋着自己的“故乡”——自己原来的那个世界。而且你们都带了一大堆照片，它们代表了你们喜欢和讨厌的东西。随着双方在这种关系中相处时间的延长，两个人都开始用照片来点缀房间，它们代表着你们相处的经历和对彼此的看法。如果你在对方身上发现了一些你喜欢的东西，就会往墙上钉一张让你感到开心、舒服或安全的照片；如果你觉得对方很无礼或不怀好意，你就会钉一张代表着你受到伤害、威胁或愤怒的照片。这样时间一长，原本空无一物的墙上，就会钉满了各种情绪的照片。不仅如此，当别人贴上新照片的时候，你也会毫不犹豫地贴上一张，去反馈他照片里的内容。渐渐地，你会发现，你已经不再去关注对方了，只是按照那些图像来决定自己的感情和行为。

随着时间的推移，你和对方之间的关系开始反映墙上那些图片的内容。现在，你所看的不是对方的行为，而是你俩贴在墙上的那些照片。你们不再是这个原始环境里的精彩、独一无二的个体，成了两个机器人，只会机械地接受外界的刺激，做出反应。你该怎么做呢？从“太空屋”里弹出来，摔得粉身碎骨？最好的方法就是让自己明白，现在所发生的一切都是那些照片的结果，你们都在持续、无意识地参照里面的内容，最终导致了这种结局。

当别人对你不满时，你可以对自己说一句：“那只不过是他挂在我们关系里的一张照片罢了。”或者“那只不过是他挂在自己脑子里的一张照片罢了。”这样做，会让你从坏情绪中解脱出来，让你卸下“武装”，驱散那种想要以牙还牙的冲动。这句话将各种经历去人格化，包含着强大的力量。

当别人对你不满，在你们的关系中悬挂了一张诋毁你、轻视你的图画时，请你也悬挂一张画去回应他们，但是要挑选一张理解宽恕的图画，让对方知道你理解他们所面临的困难，能够体谅他们的作为。

你有没有注意到，在一些宾馆里，人们不仅要挂一些图画，还会用螺丝把图画固定到墙上。我们也是一样，不仅在所有的关系里都张贴了图画，甚至还把图画牢牢地固定在“墙上”。如果它们只是一种“仇恨的标记”，时刻向你提醒那些不快的经历，那么你就可以考虑把它们拿走或替换掉。总是去看那些消极、痛苦和有害的图画，只能加重你在关系中的痛苦和不适。

当你和对方发生了摩擦，让你感到愤怒和不满，那么就有义务去释放这些情绪。这正是宽恕的精髓所在。宽恕可以定义为“放下仇恨”，它是一个内在的过程。它要求你将那些对过往消极经历的能量都释放出来。你不需要跟对方说什么，只要把你脑海中的那些“图画”拿走就可以了。

想要宽恕别人，第一步要做的就是问自己，那些愤恨和不满会给你带来什么好处？在神恩还未展现，疼痛依然深刻的时候，问自己，是哪些经历让你成长，为你指明了方向。然后开始学会感恩，去感谢那些伤痛。

一开始，你的思维可能会拒绝这样做。宽恕不是件容易的事，但是它却能让你在关系中寻找到快乐和成功。

释放你心中的仇恨

用你的宽恕忘掉过去的一切。在很多关系中，一方对他在之前关系中积累的怨恨耿耿于怀，在建立了新关系之后，还把这种怨恨投射到新的关系对象身上，使当下的关系越变越糟。在这样的情况下，就应该把那些图画从墙上拆下来，放下它，烧掉它，总之，请释放你心中的仇恨。

我们把单词“resentment”（仇恨）拆开，就得到了一个新词“re-sendment”（重新发出）。当你心怀仇恨时，你就是在“重新发出”这种消极的能量，并把它作用到自己身上。不愿宽恕就好像扔出一个沾满污物的回旋棒，它在飞行的过程中，会沾上更多的脏东西，可是最后它还是要回到你手里。仇恨越深，作用在你自己身上的消极能量就越强。当你紧抓着仇恨不肯放下时，它不会伤害到别人，相反，只会伤害你自己。

最近，我认识了一家人。他们曾捡到一只被遗弃的小暹罗猫。在这之前，他们家已经有一只猫了，不想再养其他的宠物。但是这只可爱的小猫还是触动了他们的神经，让夫妻俩忍不住把她带回了家。他们问自己两岁大的女儿，要给小猫取个什么名字，小女孩说："Marvel（奇迹）。"就这样，Marvel成了这个家里最受宠爱的一员。

像其他小猫一样，Marvel好奇而爱玩闹。一开始，她还是一只"居家猫咪"，虽然有很少几次，她会冒险到室外走一走，可是一旦她觉得害怕或受到威胁时，就会迅速地跑回屋里，躲到安全的地方。全家人都很喜欢她，甚至有点溺爱了。而作为回报，她会依偎在小女孩的枕边睡觉，还有趴在妈妈的怀里，帮妈妈"按摩"，常常一按就是几小时。

住在街对面的男人也养了宠物——两只很大而且精力旺盛的杜宾犬。两只狗就住在他家院子的围栏里，但是大部分时间都待在自家的车库里。每天，主人把它们从院子带到车库的时候，都会把项圈和链子拿下来，让它们享受一下"自由"。

一天，就在两只狗去车库的路上，它们看见了Marvel。那时，Marvel正安静地坐在门前的台阶上，仔细地清洗小爪子。两只狗一下子就蹿了过来，它们的狂吠声让Marvel害怕得要命，她发疯一般奔跑着，躲避两只"怪兽"的劫掠。小猫拼命跑到屋子后面，跳到木质的平台上。就在那两只大狗马上就要跳上台阶袭击Marvel时，女主人赶来了，她一把将小猫抱进怀里，将其救了下来。

那位男邻居也跑来了，他很尴尬地把狗抓了回去，把它们牵到车库里关了起来。女主人又怕又怒，要不是她来得及时，

Marvel肯定已经被那两只狗咬伤了。她对邻居大吼道："把你那两只该死的狗看好！要不然就等着给兽医院送钱吧！"她颤抖着把小猫抱在怀里，回到家中。

几个星期后的一天早上，这位太太被一阵她描述为"令人眩晕"的声音吵醒了。她戴上眼镜，跑到窗户那里一看，天哪！那两只杜宾犬又来了，它们正把Marvel叼在嘴里拔河呢！可怜的小猫嘶叫着，徒劳地抓挠着想要挣脱出来，她已经血肉模糊了！看到这一切，女主人愤怒了。她飞奔过去，奋力地把那两只狗赶走。她哭泣着轻轻地抱起受了重伤的小猫，开车带着她去了兽医院。而杜宾的主人呢，再次把两只狗关进了围栏，震惊却沉默地看着女主人开车消失在街道尽头。

"医生已经没办法了，"这位太太告诉我，"我们只能哭着让Marvel离开。"那些天，全家人都沉浸在失去Marvel的悲痛中。而这时，杜宾的主人给他们发了一张便签，上面写着："我为你们小猫的离去感到遗憾。我会付兽医费的。"邻居的道歉一点也没有减轻这家人的痛苦，他就像在进行一桩交易，觉得只要付了钱大家就扯平了。

女主人走到街对面，给那位邻居送去了475美元的兽医账单。她回忆说："我把账单送到他那里，他露出一副很轻蔑的样子。我很愤怒，跟他吵了起来。他说是Marvel自己跑出来让狗追的。我们不停地朝对方大吼，最后我怒气冲冲地走了。"

几天后，兽医办公室打来电话说账单还没有付清。女主人还在生气，无法也不想再去面对她的邻居。"算我们倒霉，把账单付了吧，"她说，"不值得跟他那种人理论。"

付出的人拥有最大的控制权。

——克里斯汀·马多尔（Christine Mador）

“在一年半的时间里，我和这个男人常常怒目相向。虽然我们住得很近，几乎扔块石头都能砸到对方，可我们却从不说话。”这位女主人跟我说，“我每次出门前，都要先看看他是不是在外面，我可不想遇见他。如果哪次我们碰巧一起出门，都会转过脸去不看对方。这让我感到很不舒服，可是在怒气的驱使下，又觉得这样做很对。我曾试着去忘怀这段经历，可是无论如何都做不到。这种愤怒就像气泡一样不断地在我体内爆发。我发现我的脾气开始变坏，就连跟自己的丈夫和儿子也没什么耐心了。”

国庆周到了，而Marvel也已离开他们18个月了。这位女士下决心要做些什么，打破现在这种糟糕的局面。“我强烈地意识到自己该摆脱这一切了。”她说，“我不能再惩罚他了，因为这也是在惩罚我自己。每次我看见这个男人都会想到Marvel的死。”她不确定下一步该做些什么，只能顺应自己最自然的想法——烤了一炉她拿手的巧克力曲奇，把它们放到一个大碗里，并且打了一个漂亮的蝴蝶结。就这样，她拎起碗，艰难地走到街对面，那个男人正在那儿修剪花草呢。

“还和往常一样，”她说，“我的邻居依旧别过脸去不看我。我朝着他走过去，脑子里反复播放着一首歌。那首歌是约翰·梅尔（John Mayer）的《遗愿清单》。歌里是这么唱的：‘像一个人的军队一样行走，和脑海里的阴影战斗，让生活一如往昔，知道忘记是最好的选择，但是，如果你可以，那就说出你要说的话。’”

男人像一只被困在角落里无处可逃的小兔子，不得不抬起头来看着她。女人微笑着把礼物递给他。其实，她还在碗里放了一张小卡片，上面写着：“国庆节快乐！我很遗憾因为Marvel的离去，没能和你成为很好的邻居。”

“一开始他有点愣了，”她告诉我，“可是一会儿之后，他就露出了如释重负的表情。我肯定他心里也很过意不去。”女人转过身，轻快地穿过马路，回了自己的家。事情总算解决了。她卸下了心里的包袱，摆脱了这种痛苦的折磨。而小Marvel也可以安息了。

“从那之后，我们的关系好多了。每次见面也能热情地打个招呼，说些‘嗨，最近怎么样？’或者‘今天天气不错！’之类的话。他永远也不会成为我最好的朋友，但是，我没必要非去讨厌他。”这位女士放下了她心中的仇恨。这样，那些失去爱猫的悲伤记忆和对“凶手”主人的仇恨就不再折磨她了。

宽恕就是给予

著名作家拉瓦纳·布兰科维尔（Lawana Blackwell）曾这样写道：“宽恕可以说是一种自私的行为。因为它会给宽恕者带来无限的好处。”我们都有很多人要去宽恕。不管什么时候，你只要一想起某人或者一听到某人的名字就会感到愤怒、沮丧或痛苦，那么你就会明白，所谓仇恨，就是在重温痛苦的经历。这些情绪和你所有的关系一样，都被保存在同一个地方——你的头脑里——只有在这里，你才能把自己从仇恨中解脱出来。你背负着痛苦，你在挣扎，你正在用这些消极的情感和想法侵蚀着自己的灵魂。可你只是在伤害自己，而不是你所仇恨的人。19世纪美国著名牧师哈里·埃莫森·福斯迪克（Harry Emerson Fosdick）说过："憎恨别人，就好像为了赶走一只老鼠而把自己的房子烧掉一样。"你需要的不是烧掉你情绪上或精神上的"房子"，而是去宽恕，去原谅。

有一个很好的方法，可以让你学会如何去宽恕别人——坐在一个安静、舒适的地方，闭上眼睛。然后开始深呼吸，让你的胃（注意：不是胸膛）随着你的呼吸而收缩、扩张……同时，想象自己正置身于一个很大很豪华的剧院里，静坐在观众席第一排正中间的位子上。这是个古典而华丽的所在，主座位区上方悬挂着豪华的大吊灯。而这么大的剧院里，却只有你一个人，这时一种超然感和愉悦感油然而生……（让自己一直深呼吸，直到你感觉自己真的坐在这样一个大剧院里）请注视你的前方，那里是用天鹅绒幕帘装饰的舞台。灯光渐暗，只有一盏聚光灯在奢华的幕帘上，投射出一个巨大的光环。

坐在这儿，紧盯着这个光环，再深吸几口气。然后，想一个和你关系不太好的人（开始时最好不要想那些感觉糟糕透顶，或者你长期强烈仇恨的人，要选一个只是让你有点讨厌的人。学会去宽恕也要有一个过程，就像你的人生一样，先要学会爬，之后才能走）。

整个过程都发生在你的头脑里，因为你的仇恨也存储在这个地方。

一切准备就绪，接着想象这个人正从幕帘后一步步走到聚光灯下。他衣着光鲜，却很得体；他微笑着，看起来很满意的样子。他手里拿了一块木框的黑板，那上面空无一字。这时请你微笑着对他说：

“××（这个人的名字），现在我已放下了对你的仇恨。欢迎你走进新的一天，我会忘记过去，重新看待你。你让我明白了很多事情。感谢上帝让你出现在我的生命里——这是他赐予我的礼物。”

之后，在这个人露出优雅的微笑时，为他鼓掌。当你觉得你已经顺利完成这部分的练习时，就在想象里邀请他坐到你身边来。在成功原谅这个人之后，再重复此过程，去原谅别人。

现在，你曾经的敌人变成了坐在你身边，关心你、支持你的盟友。而这就是让你去宽恕别人的动力。

我曾用了一个周末的时间来做这个练习。这真是个强大的、具有改造作用的过程。我在脑海里一个接一个地想着不同的人，我很惊讶地发现，竟然对这么多人心怀怨恨。我还觉察，其中有些人我目前还无法宽恕。如果我不能邀请他们坐到我身边，无法让他们成为我真正的朋友和精神上的导师，那么我就会道歉，请他们给我一点时间，先到后台的休息室里小憩。而我会接着把其他人一个个地在脑海里形象化。过了一会儿，坐在我周围的盟友越来越多，有了他们的支持和鼓励，我会把那些还在后台等我的人请出来，试着去宽恕他们。如果这时我还是没有准备好，我会再让他们回到后台休息，直到我彻底放下的那一天。

在做这个练习时，不要去评价你为何无法谅解别人。这就像在清扫一间满是蜘蛛网的阁楼，不能也不必太心急。要获得解脱是要花费时间的，也只有时间才能让你彻底解脱。

宽恕（Forgiving）就是给予（for-giving）。它是你送给自己的一件礼物。

当你可以看透那些痛苦的过往，并且真诚地跟对方说一句“谢谢你给了我这种经历”时，你就知道自己已真正原谅此人了。

如果你不想影响相互间的关系，就不要在关系里悬挂图画。如果有哪个人的消极图像在你脑海里闪过，那么就让它接着“闪开”吧，不要把它挂在“墙上”。即使对方的行为让你觉得他对你很怨恨，也要提醒自己：“那只是他们关于我的一张图画，仅此而已。那是他们的看法，不是真实的我。”

你或许会想：“如果我那么做了，不就是在伪装自己吗？我想在关系中展现真实的自我，而这不是真正的我。”事实，要和所发生的事件联系到一起才能成为事实，它是一个相对的概念。据《圣经》历史学家研究发现，现存最古老的新约手稿残本其实就只有一段文字，只包含了约翰福音第18章第38节（John 18:38）的内容。在这段里，彼拉多（Pilate）问耶稣：“真理是什么？”（这也是这一章的中心主题）这是个多么讽刺又多么深奥的问题呀！在最古老的基督教著作当中，人们就在询问如何才能得到一种不可否定、毋庸置疑的真理，可是世界上并没有这种东西啊！

所谓的真理和事实，只不过是来自个人世界的片面观点而已。

在轰动一时的大制作影片《黑客帝国》中，尼奥（基努·里维斯饰）问孟菲斯（劳伦斯·菲什伯恩饰），他们所处的帝国是真实的吗？孟菲斯回答说："什么是真实？真实该怎么定义？如果你指的是触觉、嗅觉、味觉和视觉，那只不过是大脑解析的一组电信号罢了。"

我们所有的经历都要通过大脑来解析，而就在这个解析的过程中，"不同"产生了。如果我们企图向外界宣告，只有我们的说法才是"真实"的，那么这种"不同"就会转变成阻碍关系发展的难题。

你可能会想，如果能有计算机一般的头脑，我们就能解决很多冲突。因为计算机客观又有逻辑性，既不会贬低别人也没有那么多烦琐的关系。事实，也许并非如此……

几十年前，人们给一台第一代语言解析计算机布置了一项任务，让它把一句很常见的英文习语"Out of mind, out of sight."（眼不见，心不烦。）译成西班牙语，再译成德语，然后译成法语，最后再回译成英语。这台没有任何感情色彩、又对人类的历史、观点和关联毫无概念的计算机，在接收了这一系列指令之后，按照字面意思，最后将这句话译成了"Invisible, Insane."（隐形的，疯狂的）。很明显，它和原意截然不同。

从关系刚刚建立时开始，就没有所谓的"真实"，那只不过是一种观点而已。不要为了"现实"同别人争论不休。只要简单承认你和他有着不同的观点或记忆就可以了。那种想要证明自己正确的欲望一直在教唆你，让你去和别人争斗，毁损彼此间的关系。即使你暂且赢了一时，却无法享受长久的安宁。短暂的胜利，只是让你为下次争斗做好准备。而只有拒绝争斗，才可能不再遭受他人攻击。

制定标准，才能避免分歧

如果你处于一个比较权威的位置，比如说，你是一个孩子的家长或是位老板，那么在一些可以衡量的问题上，你对现实的描述就会取胜。你可以发出指令，但一定要做一位仁慈的指挥者。在这样的情况下，你要制定一个大家都接受的行为标准，并要求、监督所有人践行。清晰、准确地向别人传达你的期望是很重要的，不要想当然地认为别人会知道你在想什么。

如果你的一个雇员总是迟到，你可以去跟他讨论、争吵——到底谁的手表显示的是正确的时间。告诉他，只要他还来上班，你的时钟就是“官方时间”，这是合约中商定的标准，得按照它的时间开始工作。如果他做不到，那么好，让他走人，反正你的公司不适合他。

友谊的最终考验是分歧而不是握手。

——亚历山大·潘尼（Alexander Penney）

一个十几岁的孩子觉得自己的房间很干净、很整洁，但你可能不这么认为。如果真的发生了这样的分歧，那就说明你们的沟通存在问题。你要为房间的干净程度制定一个可接受的标准，然后就此标准和孩子达成一致。比如，地板上没有脏衣服，床铺平整，玩具和各种物品都放在合适的位置……房间只有达到此标准，才算干净。

我就认识一对夫妇，他们在和儿子相处时遇到了这样的问题。每次让儿子打扫房间，他用不上半小时就宣布“清扫完毕”，然后跑出去找朋友玩。可这对夫妇走进儿子房间一看，总忍不住怒气大发。有好几个月，夫妻俩都吼着儿子去打扫房间。可是他们发现，越是抱怨，儿子就越是不愿打扫。夫妇俩觉得儿子不尊重他们，儿子呢，也觉得父母在干涉他的生活，吹毛求疵。

还好父母及时发现了双方的分歧。儿子并非不尊重他们，他真的觉得房间已合乎标准，只不过那是他自己的标准。这回，儿子进入了父母的房间，他们问儿子：“这房间你觉得舒服吗？”“嗯……”他说，“床收拾得很平整，连个褶子都没有；梳妆台上没有乱七八糟的东西；衣服和书没有散落一地。”

“好，”妈妈说道，“现在我们去你房间看看，比较一下。”之后他们让儿子描述两个房间有何不同。之所以让儿子亲自讲述，是因为不想让他觉得大人是在责备和抱怨。有了父母的卧室做参照，儿子房间的整洁程度高下立现。父母说道：“现在我们帮你把房间打扫干净，让它看起来更舒服。”大功告成时，爸爸问儿子：“现在你感觉怎样？”他们听着儿子的回答，说道：“很棒，下次我们再请你打扫房间时，如果它达不到这标准，你就不能出去会朋友、玩电脑、发短信闲聊，明白了吗？”儿子同意了，而且从那以后，争吵就没再出现过。

成功沟通“三步法”

所有问题都是沟通的问题。如果你深入观察，就会发现，几乎所有的矛盾都是由误解引发。沟通双方有义务用一种清晰而有条理的方式传达自己的信息。一味地抱怨别人“没有在听”只不过是在推卸责任。而且在后面的章节里，我们也会讨论这个问题。如果你认为信息接收者三心二意，将其作为一种托词，他们就真的会那么做。成功的沟通，不是强迫别人肯定你的说法。在与对方交流时，要多使用“我”，少使用“你”。

一个成功的交流者会说：“我感到很生气。”他只是在陈述自己的情绪状态，为沟通打开了一扇门。而一个蹩脚的交流者则会说：“你让我很生气。”这就仿佛把沟通的门“砰”一声关了起来，因为对方会感觉受到了攻击。用“我“来陈述，就表示说话者只是把这件事当作一种经历——他们自己的经历；而用“你”来陈述，就暗示着说话者把责任推到了对方身上，而自己在扮演受害者的角色。

一位家庭治疗专家，跟我分享了一种很有效的沟通技巧，它分为三个步骤，由两人共同完成。第一步：由一个人先做一段陈述。第二步：由另外一个人向说话者解释并复述这段话。第三步：如果说话者认为收听者已经完全明了，那么两人就角色互换，再把这三个步骤重新演示一遍。假若之前存在分歧，这是一个澄清事实、促进相互理解的有效方法。

为了方便记忆，我把这三个步骤设计成了一个“A级三步法”。也是想要大家记住，要建立成功的关系，就要有A级的交流和沟通。

第一步：SAY（陈述）。由一个人先来说些什么。比如，“我希望我们能有多点时间待在一起。我们下班都很晚，回来之后就闷头看电视。我觉得和你很疏远。”

第二步：REPLAY（重述）。另外一个人认真倾听，不做任何评价。当说话人陈述完毕，收听者再向他解释并复述刚才听到的话，检查自己是否完全明了。例如，“我刚才听你说，你希望我们能多花点时间待在一起，不要让电视来分心。”

第三步：OKAY（确认）。收听者接着会向说话人询问：“你说的是这个意思吗？”或者“我说的对吗？”如果说话人给出了肯定的答案，那么就角色互换，轮到收听者陈述。直到双方能正确理解、达成一致为止。

我知道你以为自己明白我所说的话，可我不确定你听到的就是我想要表达的。

——《经典语录》，解释（Classic quote, Paraphrase）

这三个步骤在两人间不断进行，开始时总会有些磕绊，但这个方法确实能减少双方的误解，防止不良情绪的爆发。

曾经有一对新婚夫妇来向我咨询。他们十分沮丧。妻子说：“我们没法沟通——每次都是两个人自顾自地指责对方，争吵不休，从来不能心平气和地谈谈——我们根本不是在沟通。”她告诉我，他们之间的讨论最后经常升级为争吵。

我建议他们试一下这个“三步法”。不久之后，丈夫就打来电话说：“虽然状况不是一两天就能彻底改变，有时真的很难控制自己的情绪。不过我们达成了一致，只要在交谈中大家变得有些烦躁，就会用这个方法来控制自己。一开始时是有点麻烦，但是现在这已成了一种习惯，我们能很好地交流了。”

他妻子接着补充说：“现在就算我们没说‘让我们使用三步法吧’，我们中的一方都会自动地复述对方的话，并且询问对方这样理解对不对。如果他说了些什么，我就会说：‘我听见你说……你是这个意思吗？’如果他觉得我没听明白，我就会要他再说一遍，然后我再复述给他，直到他肯定了我的理解为止。这让我们不会再像以前那样自以为是了。”

每个人都有自己的观点，都生活在自己的世界里。我们可以就别人的观点去和他争吵，也可以试着去理解那些隐含的意思。这就要看我们如何选择了。试着去理解，我们就能避免在关系中悬挂那些伤人的、有破坏作用的图像了。

关系中的“吸引力法则”

最近，我向一批教师和心理医生讲述有关“思维决定生活方式”的话题。我解释说：“我们可以自己选择是去想那些开心或难过的事。虽然这些都是我们的‘想象’，但它们也可能成为我们的‘现实’。快乐的记忆产生快乐的态度，并因而创造出快乐的经历。”就在这时，坐在前排的一位女士举手向我提问。“我不喜欢那些总是乐呵呵的人，”她说，“他们是在伪装自己！”

我沉默了一会儿，并没有马上作答。从她那紧绷的下巴和尖锐的眼神来看，她已经准备好要和我进行一场辩论了。可是我并没有那样做，而是微笑着对她说：“我同意你的观点。”她看着我，流露出迷惑的表情。“从你的观点来看，那些总是很开心的人是在伪装自己。”……我又停顿了一下，而这位女士呢，则像在等待另一只靴子落下那般焦急地看着我。短暂的沉默之后，我把“另外一只靴子”扔了下来，“而从我的观点来看，那些总是悲悲戚戚的人也是在伪装自己。也许大家都在伪装。如果真是这样，我认为倒不如伪装得开心一点，既能让自己更有活力，也能让别人开心。”

我本来可以就这个问题和她争论一番，也可以引用一些新兴的“正面心理学”（Positive Psychology）的观点去驳斥她的理论。但我觉得没必要让双方的不同世界发生碰撞，它们是可以和谐共存的。我的观点会被那些总是很快乐的人所接受，而她的观点也是她头脑里想法的反映——仅此而已。

我最喜欢的一部电影，就是由罗迪·麦克多维尔（Roddy McDowell）主演的最早那版《人猿星球》。最近我看了一部关于这部电影的纪录片。在当时，它的拍摄可以说是电影界的一件大事。为了增强故事的真实感，让观众觉得真有那么一个被人猿占领的星球，在电影刚开始拍摄时，制片方就规定任何演员都不能戴面具，只能靠化装技术创造出各式各样的“人猿”。不管演员离摄像机多远，也不管他们有几分钟的镜头，甚至是临时演员都要跟主演一样，化上全套的人猿装。

在这部纪录片里，麦克多维尔说，那时想在好莱坞拍别的电影相当困难，因为几乎所有的化装师都在为《人猿星球》剧组工作。大家发明了一种流水线式的化装方法——演员们从一个椅子换到另一个椅子，完成涂乳胶、上妆、往脸上贴毛发等一系列“工序”，每一步都由不同的化装师专门负责。在这之前，他们用传统的化装方式给一个演员化完整套妆就要几小时，而使用了流水线的作业方式后，完成全体演员的化装却只需要6~8小时。大大缩短了化装的时间。

麦克维多尔还注意到一个现象：演员们在等待上装的时候，会聚在一起四处闲逛。不过他们会以不同种族为单位聚在一起。白人、黑人、亚裔、拉丁裔演员各自为阵。化过装之后，所有的临时演员就以各种猿类的形象出现了——大猩猩、猩猩、黑猩猩——“品种”很多。

有趣的是，当这些演员被化装成人猿之后，就不再以种族为单位聚在一起。这时，大猩猩会和大猩猩一起四处闲逛，猩猩会和猩猩待在一起，而黑猩猩会和黑猩猩聚到一块。

由此可见，人们喜欢和自己相似的人待在一起。如果我们的世界是由那些快乐、和谐以及我们支持者的图像组成，那么这些人就真的会出现在我们的世界里。相反，如果我们的世界是个阴暗、危险的地方，我们就会遇到一些不堪的人，他们的出现会加强这种现实。我们不断地问自己很多问题，在脑海里悬挂各式各样的图画，就这样，我们的世界便被创造出来了。

薇拉·凯瑟（Willa Cather）写道：“事实上，生命的动力来自于内部，而非外部。”审视一下你的各种关系吧，承认你有改造它们的能力。你可以问问题，但一定要确认它们能够架设桥梁；你也可以悬挂图画，但是要确认它们能够促进和谐。宽恕他人的冒犯，热爱自己的世界，同时也要尊重他人的世界和现实。

·不·抱·怨·观·念·

■每个人都有自己的风格，都是独一无二的。我们需要做的，就是去欣赏彼此的共同之处，对于彼此间的不同，也要欣然接受。

■为现实而争论是导致失败的主要原因。

■当别人对你不满的时候，你可以对自己说一句："那只不过是他挂在我们关系里的一张照片罢了。"或者"那只不过是他挂在自己脑子里的一张照片罢了。"这样做，会让你从坏情绪中解脱出来，让你卸下"武装"，驱散那种想要以牙还牙的冲动。

■如果你和对方发生了摩擦，让你感到愤怒和不满，那么就有义务去释放这些情绪。这正是宽恕的精髓所在。宽恕可以定义为"放下仇恨"，它是一个内在的过程。

■不愿宽恕就好像扔出一个沾满污物的回旋棒，它在飞行的过程中，会沾上更多的脏东西，可是最后它还是要回到你手里。仇恨越深，作用在你自己身上的消极能量就越强。

■当你可以看透那些痛苦的过往，并且真诚地跟对方说一句"谢谢你给了我这种经历"时，你就知道自己已真正原谅此人了。只有拒绝争斗，才可能不再遭受他人的攻击。

·不·抱·怨·行·动·

■当你跟别人意见不和时，问你自己："我们怎样才能以一种和谐一致的方式相处下去？"让这句话成为你的箴言，并在头脑里不断地重复它。

■不管何时，一旦你发现自己和别人在现实问题上有分歧，简单地向别人说一句"我尊重你的观点"就可以，然后就不要再去想它。有必要的话，多重复几次。

■在内心清点一下你遇到过的人，过去的、现在的都算在内。当你在回忆他们时，会不会有生气或不安的感觉？如果有，就试试我在这一章里讲过的那个宽恕练习。

■找 个人和你一起做"SAY, REPLAY，OKAY"的三步法练习。两个人轮流扮演不同的角色，完成三个步骤。以后你再和别人争论时，就试一下这个方法。

Part 3

如何让自我得到满足

- 区分陈述和抱怨
- 您可能不知道……
- 询问的惊人力量
- 你付出多少，就会收获多少
- 帮助别人，你的心灵才会富足
- 以包容之心，回馈这个世界

> 人是唯一不以动物欲望为满足的动物。
>
> ——亚历山大·格雷汉姆·贝尔

区分陈述和抱怨

人的欲望是无尽的，除了对食物、水、住所和性的基本需求外，我们还有那么多需求希望得到满足。一些关系遭遇挫折，是因为处于关系中的人们为了让自己的需求得到满足，总是在互相抱怨。他们不明白，抱怨不但无法解决任何问题，还会将人们困于问题当中，使他们沉浸在失意、沮丧中，无法自拔。

在《夫妻抱怨性互动分类》一文中，J.K.阿尔伯茨博士写道："消极的沟通，例如抱怨，是影响夫妻关系的重要因素。"就像我在前言中提到的那样，阿尔伯茨进一步阐述道："各种研究表明，消极的状态和沟通方式，常会导致在关系中产生不满。"

解释：如果在一个人的关系中存在很多抱怨，那么他就很难在这种关系中寻求快乐。

在《家庭沟通》（*Family Communication*）一书中，作者克丽丝·塞格琳是这样说的："一般那些感到苦恼的夫妻，会在沟通时展示出一种消极状态，而这种消极状态又会引发大量的逆反情绪。"

解释：如果关系中的一方或双方对这种关系不满，并且极力想要满足自身需要，这时就可能会产生抱怨，而这种抱怨会引起不满。就这样，一种"不满←→抱怨"的恶性循环就产生了。

罗维尔·J.克罗柯夫（Lowell J. Krokoff）等人在1988年的研究中发现，减少负面影响，比增加正面影响更有利于改善夫妻关系，提高婚姻质量。

解释：停止消极的抱怨，比增加积极改变更有利于关系的改善，用另一句话说就是："友善的言辞比漂亮的鲜花，更有利于关系的发展。"

在各种关系中，人们为了满足自己的需要，最常做的就是抱怨自己的"遭遇"，而不是清晰地表达自己的意愿，以上的这些研究都表明——抱怨是腐蚀关系基础的罪魁祸首。

不满←→抱怨

向别人抱怨会降低关系的整体质量，让被抱怨者感受到你

在轻视或诋毁他。而且，当你在抱怨一个人，对他进行消极描述的时候，你的抱怨只会起到反作用，让他“融入”到你的描述当中，继续那些让你厌恶的行为。

著名作家托马斯·史丹利（Thomas Stanley）博士是这样说的：“你给别人贴上‘标签’，常常会刺激他按照你给他的冠名来采取行动。”就像有些女人说：“男人都是狗。”而在生活中她们所遇到的真的就是“狗一般的男人”，当你向别人抱怨他的某种行为时，这个人很有可能会继续这种行为，通过抱怨去阻止恶行，胜算非常渺茫。

什么是抱怨？字典里把抱怨定义为：“表达悲伤、痛苦或不满。”这种简单的定义仍给我们留下很多疑问——有时我们说的一些话，到底是抱怨还是对事实的陈述呢？我自己对抱怨的定义是：“对现存问题的过分关注和积极陈述，而不是对解决方式的寻求。”

克莱姆森大学（Clemson University）的罗宾·柯瓦斯基博士（Dr. Robin Kowalski）写道：“某个具体的陈述中有无抱怨的成分，取决于说话人是否心怀不满。”因为那些可以被称为“抱怨”的陈述背后，都隐藏着一种内心的不满和厌烦，或者是一种消极的能量。

“今天是个大热天”只是一个关于事实的陈述，不是抱怨。而“今天太热了！”就是一句抱怨。这句陈述暗示了说话者对这种状态有一种消极的感受。

“你把袜子扔在了地上。”是对事实的陈述，而“你总是把那些该死的袜子扔在地上！”就是一种抱怨。对事实的陈述是没有感情色彩的，而抱怨中则承载了消极的能量。在上面的例子中，我添加了一些词语，“太”“总是”和“该死的”，而正是它们将所隐藏的消极能量表达了出来。

在大多数情况下，我们之所以抱怨，主要目的是要表明自己被冒犯了！抱怨中隐含的意义就是“你（或者上帝，全世界，天气，任何东西）怎么敢如此对我”。

我们非常容易把自己和他人的行为联系到一起，为什么会这样？因为我们是自己世界里的王。因此，对于我们来说，一切事件或行为都和自己息息相关。在下面几章里，我会详细讲解一下人们为何会产生这种错觉，以及避免的方法。而现在，我们要做的就是明白一件事，那就是大部分的抱怨都包含着一种消极情绪。人们常常会把自己和所发生的一切联系起来，认为所有事情都是“针对”自己的，而正是这种想法激发了人们的消极情绪。

你可能会问：“我们既然知道抱怨会引发不和谐，会将我们困于消极的互动当中，会增加彼此间的分歧，让我们的关系产生隔阂，却为什么还要抱怨呢？”

人们之所以会抱怨，原因很简单，就跟小孩子为什么会哭一样，都是因为对某些事情不满，但是却缺乏语言技巧，无法让别人满足自己的需要，不得已只好用一种消极的方式和陈述来传递信息。因为人们总认为自己的“现实”才是唯一、正确的现实，不管发生了什么事，都肯定和自己有关。大多数人都不明白，如果他们能组织自己的语言，用一种积极的方式来表达自己的意愿，得到满足的概率，会比抱怨要大得多。

您可能不知道……

最近，我去了科罗拉多州的丹佛市，住在那儿最好的一家酒店里。这家酒店装修豪华，设施齐全，服务也十分周到，因此，深受客人好评。我登记之后，直接进了自己的房间，放下行李就去城里走了一圈。逛了一会儿，我回到房间，换了身衣服，去酒店楼下的健身房里做做运动，让自己恢复活力。之后我又回到了房间，洗了个澡，换衣服去楼下的餐厅吃晚饭。大概晚上8点钟，我回来了。这时忽然从墙壁传来一阵阵很有节奏的声音——“呜……吱……呜……吱……”

别多想，这可不是什么灵异事件。我的房间在酒店6楼，而紧挨着这家酒店的是一座5层高的大楼，这幢楼顶上装了一个很大的、锈迹斑斑的电风扇，它一转起来就会发出“呜……呜……”的怪音。而且旋转的扇叶总是会碰到外框上一个生锈的地方，发生刺耳的“吱……吱……”声。白天风扇没打开，所以我没听到这声音；可是现在风扇开始工作了，就制造出很大的噪声。

大家都知道，我是个倡导“不抱怨”的人。你们大概很好奇，我是怎么处理这种情况的，其实很简单，我下楼找到前台负责人，跟他说：“您可能不知道，不过隔壁楼的楼顶装了个大电风扇，可能它很长时间没有上润滑油了，一转起来就发出很大的噪声。你看我明天还要去演讲，今晚要好好休息一下。您能给我换个房间吗？”就这样，他们不但帮我换了房间，而且还给我免费升级到了一间漂亮的复式套房。

被安排住进一个吵闹的房间里，这让我很不满意，我想改变眼下的状况，可是我并没有怒气冲冲地跑到前台大吼：“你们怎么敢这样对我？！”我觉得，这家酒店的声誉这么好，肯定不会故意把客人安排到这样的房间自毁形象。一定是管理人员还不知道那个尖叫的老风扇的事。所以，在跟他们说话时，我用“您可能不知道……”开始了自己的陈述。

“您可能不知道……”是个很神奇的句子。当你向他人表达你的需要，陈述不满时，它能让你的评价听起来不针对任何人，有了这句话，就说明你对这件事充分理解，知道别人不是为了让你烦恼才这样做的。

几星期前，我去电影院看电影，坐在我前面的一位女士一直在收发短信，虽然她把手机调成了静音状态，可是每次她收发短信时，屏幕上的亮光都会晃到我的眼睛，让人不太舒服。于是，我拍拍她的肩膀，说：“您可能不知道，像您这样拿着手机时，屏幕上的光总会晃到我的眼睛。如果您不介意，在电影放映时可以不发短信吗？”听了我的话，她惊讶得差点儿从椅子上跳起来。她真的不知道自己会打扰到别人，随后她向我道了歉，并且关掉了手机。

就像婴儿啼哭是因为他缺乏语言技巧，无法让别人满足自己的需要一样，我本可以找到丹佛那家酒店的管理人员，跟他们说：“这个鬼地方到底是怎么了，我还以为你们是丹佛市最好的酒店呢！”（哇……婴儿开始哭了）我原也可以对那个电影院里的女士说：“嘿！你能不能不把你那个白痴手机拿出来？它晃到我眼睛了！”（哇……婴儿又开始哭了！）要是这样的话，他们百分之百会拒绝我的要求。

如果你对别人说：“您可能不知道……”然后接着向他解释自己的看法和建议，大多数人都会认真倾听，并且按照你的建议做出回应。要想达到这种效果，首先就要确定你的陈述里不包含任何消极的能量，不能责备，更不能挑衅。你绝不能这样说：“你可能不知道，但是你家那条癞皮狗把我的花床刨烂了！如果再发生这样的事，别怪我对它不客气！”这种说话方式只会激起别人的抵抗，他们绝不会妥协，更不会按你的要求做出回应。你应该真诚地表达自己的意愿，言语中不应带有任何埋怨和仇恨。

在你的世界里出现某种问题、你有某种不满的时候，别人却无法进入你的世界，更无从知晓你还有何种需要未得到满足。如果你正试图消除与他人之间的隔阂，那么一定要十分注重言语的作用和影响。你的言语要像鸽子落到树枝上一般轻柔，而不能像砖头砸碎玻璃般粗暴。

询问的惊人力量

“如果他爱我，就会知道我想要什么。”这是一位女士在向我描述她丈夫时所说的话。

我告诉她：“爱情并不能赋予人超能力。而且，让你的需要得到满足是你自己的责任，不是你丈夫的义务，你应该负起责任，努力得到自己想要的东西。他爱你的事实，不应该成为你逃避责任的借口。”

在大多数情况下，如果你能让对方知道你在要求什么，追寻什么，对方会给你帮助，让你的需要得以满足。大多数人都是友好、亲切、爽快、甘愿付出并乐于让对方高兴的。在你说了“您可能不知道”也无法解决问题时，就需要将其诉诸另一种行为，它是人类能够实施的最强大的一种行为，为实现自己的愿景铺平道路，它就是——询问。

因为我询问了，丹佛那家酒店的人才会帮我换房间，也正因为我询问了，电影院里的那位女士才肯关掉手机。只有你肯去询问，别人才会乐意帮忙。

如果是这样，我们还在犹豫什么呢？为什么不去问问呢？因为我们害怕被拒绝，向一个不相干的人抱怨，把自己描绘成事件的受害者，要比向人提出要求却可能遭拒容易得多。有句谚语告诉我们：“张口发问可能会让你表现出五分钟的无知，可是不发问的人永远无知。”想要在关系中搭建桥梁，我们就需要去询问，而且是直接向可以解决问题的人询问，一定要清晰地表达自己在追求什么结果。并且我再说一次，不要让自己的询问中包含任何消极的能量。

“如果您不介意，可以在电影放映时不发短信吗？”这是在询问，而“你能把你那该死的手机关掉吗？”则变成了一种抱怨。这是一种直指对方的消极能量，听了这话，对方很难按照你的要求做出回应。你用言语侵犯了别人的世界，而对方很可能会“反侵略”，至少不会向你妥协。

当我们追寻自己的目标，想让需求得到满足时，最重要的就是坚守自己的意愿，直到它得以实现为止。三心二意地尝试一下，然后抛出一句："看！我就说这样做没用嘛。"让自己更加坚信"我就是个牺牲品"，然后开始向别人抱怨，强迫别人和我们达成约定，让自己的不作为看起来更合情合理。这样的做法，只会让自己的需求永远无法实现。

你付出多少，就会收获多少

直接而且只和能解决问题的人谈话，可以为你提供一条不用抱怨就能解决问题的捷径。就像我在丹佛那家酒店的遭遇，我就直接找到了前台。这要是放在几年前，我可能不会如此，我会打电话给我妻子，去跟她大倒苦水："你听到这些噪声没有（我会朝电话大喊，并且确认自己站在噪声最强的那个位置，好让妻子身临其境）？这里据说还是丹佛最好的酒店呢！可是现在你听听，噪声就从我窗户外面飞进来，耳膜都快被震裂了，这让人怎么受得了！是谁给他们评的等级啊？现在看看他们都干了些什么！"尽管如此抱怨，我可能还会继续待在这房间里，痛苦、烦躁、无法入睡，只是要证明这家酒店是多么的差劲。接下来的几天里，我会向所有人抱怨，跟他们讲述我的悲惨遭遇——可怜的我，可怜的被牺牲了的我！

好，现在是真心话时间——思考一会儿，并且问自己："我是这样的人吗？"如果你够诚实，肯定会发现有不少时候，你对一些事情很不满意，但是你却没向那些能解决问题的人寻求帮助，而是一味地向其他人抱怨。

有些人在和爱人的相处中遇到了问题，却向其他朋友抱怨，表达他的不满；有些人和老板的关系很不好，却向自己的配偶抱怨。为什么会这样？当我们和某个人之间出现问题时，却向这个人之外的其他人抱怨？——因为我们害怕被攻击或被拒绝。我们在头脑中创造了一系列的场景，在这些场景中，我们的爱人会消极地回应我们的要求，还会对我们说些尖刻的话，甚至会和我们分手；我们的老板不但不会满足我们的要求，还会因此而记恨我们，在将来伺机报复，甚至还可能炒我们鱿鱼。这些可怕的场景，不断地在我们脑海中出现，让我们不敢有所行动，结果那些问题也得不到解决。

尽管眼下的状况是这么的让人不满，我们还是宁愿维持现状也不愿被人拒绝、遭人报复。我们就像是一个坐在脏尿布里的婴儿，对着每个人大哭，希望有人能来给我们换块尿布。

在根本不知道或不太明确我们需求的情况下，对方会继续他目前的行为方式，而我们的需求当然也得不到满足。我们也考虑过大胆吐露心声，可是一想到这样做可能引发的后果，还是选择了沉默，只会向第三方抱怨。我们觉得这样做就能把问题说出来了，而实际上，我们就是在为自己辩护，让人们觉得我们是对的，而对方是错误的。

“你是对的，”我们的朋友说，“她就是个喜怒无常的人，你以前怎么忍受得了她呢？”或者我们的配偶会说：“你当然是对的，你们那个老板就是个讨人厌的家伙。”听到这些，我们就觉得公平了，可是这根本不会改变现状。其实，每次我们的不满情绪都会随着朋友、家人的认可而增长。这种不断累积的消极能量，会和那些可怕场景所释放的能量结合起来，当我们无法再忍受这样的情况时，这些能量就会将我们“引爆”。而对方在感觉自己受了攻击时，就会“反攻击”，并且会像我们所担心的那样做出回应。

其实，要解决这种问题很简单。根本用不着那么烦恼，那么痛苦，只要把你想要的告诉对方就可以了。“不抱怨的生活方式”和“不抱怨的关系”并不意味着你就得默默接受别人给你的一切，那多没吸引力啊！你应该让自己的需求得到满足。可是你抱怨时，是在告诉别人你不想要什么。人的头脑很难将注意力集中在一个概念的两方面，思维不能同时处理两个对立的问题，因此，请把“别这样做”改为“请那样做”，你会发现，它会让你更容易地得到你想要的东西，而且双方都不会有那么大的压力。

如果你想把自己的需要告诉别人，让他满足你的要求，你就必须乐于倾听对方的要求。当他不满时，你必须敞开胸怀去包容，可能其他人并不像你这般善于沟通，也不会说“您可能不知道……”他还担心你会拒绝或报复，经历了一番激烈的思想斗争后才来找你。他甚至会像一个湿透的、饥饿的、疲倦的孩子一般大声说出自己的要求。你不会为一个“孩子”的啼哭而生气，所以请给予他同样的怜悯，倾听并去寻找那些隐藏在不安背后的要求。

如果那个人还是很激动，在大声咆哮着，你或许可以考虑对他说一句：“我知道这让你很苦恼。你需要我为你做些什么呢？”如果这还是没有效果，那个人还在不停地抱怨，那么你应该再重复一遍：“我知道这让你很苦恼。你需要我为你做些什么呢？”要心胸开阔，学会倾听，更要克制自己，不要在你们的关系中悬挂这个人消极的图像，不要轻易断定他的好坏。

只有乐于听取他人的意愿，你的需求才有可能得到满足。在付出和得到之间有一个“黄金法则”。在《马太福音》中，主耶稣告诉信徒：“无论何事，你付出多少，就会得到多少。”这个法则不是要我们斤斤计较，不是要我们向曾经宽容或怜悯过的人索取回报。而是上天会平衡我们的“施”与“得”，让我们在付出之后得到应有的回报。

帮助别人，你的心灵才会富足

我的好友杰瑞·日瓦切克（Jerry Zvacek）就过着上文所说的快乐生活，当年我在密苏里州的小城霍顿买了我们的第一所房子。那时杰瑞和他的妻子派蒂就住在我们附近，和我家只隔了几座房子，也算是我的“近邻”吧。那天我们刚搬到新家，还没有来得及把行李打开，杰瑞就来了。他热情地自我介绍了一下，并且问我们有什么能帮上忙的。他不是在讲几句敷衍了事的客套话，而是真心地想要帮助我们。

我买的那个老房子，已经有100多年的历史。时不时就要修缮一下。有一天，我发现前门廊的屋顶裂开了。只要一下雨，雨水就会从那些裂缝里漏下来，把秋千、椅子什么的都泡掉，连地板上也都是一洼一洼的积水。我们担心这样过不了多久，地板就会被泡烂。所以当杰瑞又一次到访，用他的话说是来“监督我们”，看我们需不需要帮忙的时候，我就跟他提起了屋顶漏雨的事。

“我儿子，迈克，他可是干这活的行家，”杰瑞说，“我打电话让他来修。”我曾听说修屋顶的费用很高，而且那时我也不想让他知道，我没那么多钱去请一位专业人士来帮忙。因此，我婉言谢绝了，告诉杰瑞我自己可以修好它。其实，我根本不知如何下手。没办法，我来到房屋维修用品店，买了一拖车木瓦，又向店员了解了一些更换瓦片的基本要领，回到家里我就开工了。

我费尽力气才把旧瓦从屋顶上拆了下来，又往上面钉了一层新的防水纸。正当我准备把新瓦贴在上面时，杰瑞来了，他正站在梯子下面朝我微笑。

“修得怎么样了？”他问我。

“挺好的。”我撒谎了。其实我压根就不知道怎样把这些瓦放上去，更不知道怎样把它们叠在一起才不会漏雨。

“你知道怎么切瓦，怎么把它们粘上去，是吧？”他又问。

“嗯……不知道。”我不得不说了实话。

杰瑞顺着梯子爬了上来，夺过我手里的切割刀，给我演示怎么切瓦，再怎么把切好的瓦贴到防水纸上。我按照他说的方法，一点一点修补着屋顶，而杰瑞一直都站在梯子上指导我、鼓励我。过了一会儿，我看见杰瑞的儿子在我家门前停了下来。杰瑞下去跟他打了个招呼，两人就聊了起来。而我呢，还在屋顶上忙活着。

我一时没注意，杰瑞和迈克已经不在地上了。现在他们正在我旁边，用极快的速度往屋顶上贴着瓦片。很快我发觉，我已经站在地上看着他们干活了。不一会儿“工程”就结束了。还没等我对他们说声“谢谢”或者付钱给他们，杰瑞和迈克已经收拾好他们的工具，微笑着对我说了声“再见”就离开了。

这就是杰瑞。他总是在关注别人的需要，并且乐于向别人伸出援手。这样做让杰瑞拥有了很大的满足感和内心的宁静。我们大多数人都只顾自己，却永远不满足，而杰瑞一直在关心和温暖着别人，却让自己过上了一种简单而又富足的生活。

以包容之心，回馈这个世界

一年夏天，我在自家院子里修剪草坪。那天很热，我从草坪最外围开始一圈一圈推着剪草机，剪完一圈我就会把剪草机往里移动，再开始剪下一圈。这样过了一会儿，我突然发现，自己修剪草坪的速度太快了，我上一圈修剪的面积居然有我预期的两倍大。我以为是自己记错了也就没太在意，接着修剪下一圈。可是剪完一看，真奇怪，我只推了一圈，却修剪了两圈那么大的面积，而且每次都是这样。

马上要完工的时候，我眼角的余光发现好像有个人在我后面，回头一看，原来是杰瑞！他正坐在自己的剪草机上，跟在我后面帮我修剪草坪呢！杰瑞和他的女婿乔尔共用一台乘骑式剪草机，那天他正打算把剪草机给乔尔送回去，正巧路过我门前时发现我也在剪草坪，这对于热心的杰瑞来说，真是个不容错过的好机会。于是他悄悄跟在我后面，帮我把剩下的草坪修剪好了。因为剪草机噪声很大，我根本就没发现他在我后面。那些从我家门前路过的人们肯定以为我俩是被人雇来的庭院工人呢。我们轮换着剪完了最后一块长方形草皮，杰瑞还是微笑着拍了拍自己的帽子，什么也没说，把剪草机骑回路上，朝着乔尔家的方向驶去。

不论什么事情，杰瑞总是先想着别人。他对自己所拥有的一切都充满感激，不去想自己还需要什么，相反却一直在关注着别人，看自己能为别人做些什么。杰瑞可能是我见过的最快乐的人。他如此欢悦，如此从容，是因为他一直在关注着周遭的人，将自己的利益和需要搁置在一旁。

2004年2月21日星期六，一大早，杰瑞就到霍顿城外他家的树林里伐木。他选中了一棵很高的树，把它从靠近树根的地方锯断，这样只要轻轻一推，这棵树就会倒下来。可就在杰瑞站在旁边看着它倒下时，这棵树被旁边一棵树的枝干卡住了。杰瑞打算把这棵树也锯掉，好让第一棵树倒下来。就在他启动链锯，切割第二棵树时，第一棵树被振动了，一下子轰然倒下，砸在了杰瑞的身上。

杰瑞被压在树下动弹不得，他知道自己肯定伤得很重。血不断地从他受伤的鼻子里涌出来，他的眼睛也被血蒙住了。他大声呼救，可是这片树林离家太远了，没人能听见他的喊声。因为出血和疼痛，他几次昏迷过去，完全搞不清自己被压了多长时间。几小时之后，他费力地伸出手，把一段树枝插进土里，靠观察树枝在地上的影子判断时间。他看着自己做的这个“计时器”，等待树影在地面上慢慢移动，直到太阳落山，地上光影全无。

太阳落下去，气温开始下降，杰瑞躺在大树下面，只有疼痛和他的思维陪伴着他。几年前霍顿也有一个人像他一般被大树砸伤，至今还瘫痪在床。“我就这样玩完了吗？”杰瑞问自己。

而这时，他的妻子派蒂正等待着他回来吃晚饭。七点钟的时候，派蒂发现杰瑞的卡车还在家里，可他却不见踪影。这可不像杰瑞，他一般是不会耽误大家晚餐的时间的。他家一共有90多英亩地，也许他到哪块地里干活去了吧。“可为什么天黑了还没回来呢？”她这样想着。这时，女婿乔尔从他们门前路过，派蒂问他有没有看到杰瑞。

“没有。”乔尔看派蒂神色一变，就安慰道，“别着急，我现在就去找他。”他抓起一支手电筒，急匆匆地走进一片冰冷的黑暗里去。

“杰瑞！”乔尔一边喊一边借着手电筒的光四下寻找，“嗨……杰瑞。”

这时派蒂正坐在餐桌旁，双手抱在胸前，想着：“现在这个男人在哪儿呢？”乔尔为了寻找杰瑞都还没吃晚饭，真是很不好意思。杰瑞或许是忘记时间了吧，“可这不像他呀。”她焦急得百爪挠心。

而与此同时，乔尔还在四下搜寻，“杰瑞！”他大声喊道。

一片沉寂。

他加快脚步，为了多搜索一些地方，也为了驱走寒气。乔尔想起会不会是杰瑞遇见了什么朋友，他们一起去Harmony House（一个小餐馆）里抽烟、聊天去了呢？“可这不像是杰瑞的风格啊。”杰瑞是很喜欢跑到小餐馆里一边喝着咖啡，一边吸几口烟，和城里的男人们分享一些奇闻逸事，可是他不会不告诉派蒂要去哪儿啊。

这时，乔尔真的有点担心了，他喊着杰瑞的名字，可那声音更像是在祈祷。这时他听到一阵低沉的喘息声。“是一头牛吗？”乔尔震惊地站在那里，用尽力气大声喊道：“杰瑞！”他又听到了那种声音，那不是牛，是人的声音。

“我在这里。”杰瑞虚弱地说。

乔尔朝声音传来的方向跑了过去，可是循着手电筒的光亮望去，他只看到一堆乱七八糟的树枝。“杰瑞？”

“我在这。”借着微弱的光亮，乔尔总算看见了他。这时杰瑞已经在树干下躺了7个多小时。

乔尔跑回家，去找人来救杰瑞。听说了这一切，派蒂赶紧抓起一支手电筒，飞奔到黑夜当中，她要去找自己的丈夫，要和他在一起。

杰瑞的一条腿被压变了形，两个肩膀也都受了伤，一侧的锁骨被砸断了，三截脊椎骨错了位，还断了五根肋骨，他承受着极大的痛苦，已经筋疲力尽。

他有足够的理由去大叫、咒骂、抱怨，可是当他见到派蒂时，跟她说的第一句话不是“看看都发生了什么”！他没说“谢天谢地，你总算来了”！没有说“快来救我！我快不行了”！更没有说“该死！你怎么现在才来”！

杰瑞对派蒂说的第一句话非常简单，没有一点讽刺的意思，那就是——“亲爱的，你今天还好吧？”杰瑞是这样想的，也是这样说的。他最关心的不是自己的安危，而是妻子派蒂的幸福，他真心想知道这一天她过得怎么样。

康复的过程漫长而艰辛。杰瑞在床上躺了一个多月，最开始，他只能靠助步器慢慢行走，后来拄了两根拐杖，再后来是一根拐杖。当他自己能开车的时候，就马上开始到我们家来“监督”我们了。在这么长的时间里，我从来没听他抱怨过一句。在一个下午，我禁不住问了他这个问题。他告诉我：“哦！说实话，在事故发生后的一段时日，我都沉浸在悲伤和懊恼当中，可是后来我发现这些于事无补，所以我也就将这一切放下了。”

他拄着拐杖，稳了稳自己的身体，微笑着对我说：“威尔，没有我的牢骚，这世上的抱怨也已经够多的了。这世界给了我那么多礼物，而在它运转的过程中，不再给它增添牢骚和抱怨，就是我能回馈它的最大的礼物了。”

杰瑞，你说得对。我耳边回荡着他的话，面对这朴素的智慧，感动莫名。

·不·抱·怨·观·念·

■抱怨不但不能解决任何问题，还会将人们困于问题当中，使他们沉浸在失意、沮丧中，无法自拔。

■在各种关系中，人们为了满足自己的需要，最常做的就是抱怨自己的“遭遇”，而不是清晰地表达意愿——抱怨是腐蚀关系基础的罪魁祸首。

■“您可能不知道……”是个很神奇的句子。在你向他人表达你的需要、陈述不满时，它能让你的评价听起来不针对任何人。

■直接而且只和能解决问题的人谈话，可以为你提供一条不用抱怨就能实现目的的捷径。

■如果你正试图消除与他人之间的隔阂，那么一定要十分注重言语的作用和影响。你的言语要像鸽子落到树枝上一般轻柔，而不能像砖头砸碎玻璃般粗暴。

■只有乐于听取他人的意愿，你的需求才有可能得到满足。

·不·抱·怨·行·动·

■在下一个24小时里，记录你有多少次用抱怨，而不是询问的方式来向别人展示你的需求。

■把你的需求和意愿写下来。然后思考一下该用怎样的方式让别人满足你的要求。注意，你要把焦点集中在理想的结果上，而不是眼前的情况上。比如，你希望别人帮你打扫房间，你不能说："你从来都不干活，要是没有我，这屋子早就成猪窝了。"你或许可以这样讲："嘿，老兄，我需要点帮助，你能不能负责每周洗三次衣服并且打扫一次屋子？"

■当有些事情打扰你时，你可以说："您或许还不知道……"用一种中立的、不带感情色彩的方式表达你的想法。

■说出你的要求，不要害怕被拒绝。你会惊讶地发现，当你礼貌地询问时，人们还是很乐意配合的。试一下这样说"我需要……"和"能请你……吗？"

■下个星期每天都要想想前文中的杰瑞。把别人的需要放在首位，不要再坚持让别人看你最喜欢的电视剧或电影，而是去看对方喜欢的。不要把这当作一种负担，也不要期望有什么回报。用日记把你的感觉以及这种行为带来的积极转变记录下来。

我们为何会抱怨

- 抱怨的动机
- Get Attention：寻求关注
- Remove Responsibility：推卸责任
- Inspire Envy：引人艳羡
- Power：操纵力
- Excuse Poor Performance：为欠佳的表现找借口

我不希望别人多讨人喜欢，这样我就不用花时间去喜欢他们了。
——简·奥斯汀

抱怨的动机

你应当拥有一种健康、开放而且让彼此都满意的关系。这些关系可以为你的梦想提供支持，为你选择的道路高声喝彩；那是一种坦诚、全无繁杂牵连的关系；是可以为你的精神增加营养、为灵魂补充肥料的关系。

可是在这种理想的关系当中，抱怨是不能存在的。

正如我们在之前章节中所讨论的一样，抱怨会延续消极行为，会带来分歧和不满。《男性健康》杂志（Men's Health magazine）2009年4月的一篇文章中指出，在亲密关系中，如果一方经常处于抱怨或被抱怨的地位，那么他就更容易有出轨行为。科罗拉多大学的伊丽莎白·艾伦（Elizabeth Allen）博士，曾经就那些有结婚打算的情侣之间的沟通行为做过一些研究，结果表明，衡量这些情侣未来忠诚度的一个重要指标，就是目前他们关系中积极和消极互动的比率，即积极互动越多，未来忠诚度就越高；反之就越低。

抱怨会腐蚀人与人之间连接的纽带，但是对于很多人来说，抱怨一直都交织在他们的各种联系当中。人们浪费了很多宝贵的时间去抱怨别人。这种抱怨不但会伤害人与人之间的关系，还会伤害关系中的人们。密苏里州大学最近的一项研究显示，那些经常抱怨父母、老师及兄弟姐妹的青少年女孩，患抑郁症的概率更高。

罗宾·柯瓦斯基博士曾在1996年的《心理学报》（*Psychological Bulletin*）上发表的文章中指出：很多抱怨反映的都不是人们对某个事物或人的真实态度。人们只不过是想借由这种抱怨引导出一定的人际反应。而这些“人际反应”可以简单地按照首字母缩写方式记忆为G.R.I.P.E，即：

Get Attention：寻求关注

Remove Responsibility：推卸责任

Inspire Envy：引人艳羡

Power：操纵力

Excuse Poor Performance：为欠佳的表现找借口

而这五个首字母连接起来就组成了一个新单词GRIPE——抱怨。

当你听到自己或别人在抱怨时，试着去找出这种行为的潜在动机。问问自己：“他们需要什么，又想要得到什么呢？”你会发现，通常人们抱怨，是在试图让自己的社会或心理需求得到满足。只不过这种尝试被错误地以抱怨的形式表达了出来。再问问自己：“那么这种抱怨又能归结到这五个范畴中的哪一个里呢？”我们都是复杂的心理生物，因此，你会发现，一个抱怨可以同时适用于若干个范畴。

Get Attention：寻求关注

“嘿！快来注意我呀！”——我们的脑门都应该纹上这几个字。得到别人的关注是每个人都有的愿望。每个人都需要同他人联系，并且通过别人的关注来确认这种联系。正如玫琳凯化妆品公司创始人玫琳凯·艾施（Mary Kay Ash）女士所说：“世界上有两件东西比金钱和性更为人们所需——认可与赞美。”

有一次，我给一些来自加拿大政府的代表们做演讲，之后又被安排出席一场图书签售活动。因为参加活动的人数太多，我之前的赞助商就没有承办这次签售会、而是介绍了一家加拿大书店来主办这次活动。这家店隶属于加拿大一家知名的图书连锁公司。活动还没有开始，我就和这家书店的经理皮埃尔（Pierre）聊了一会儿。

“你们店经营得怎么样？”我问。

“很好！”皮埃尔说，“我们店的业绩一直都比公司旗下其他的店好很多。如果按单位面积的销量来计算，每平方英尺要比其他店多卖1~3本书。”

“你们店的位置肯定很好。”我说。

“不，位置一点也不好，很偏僻。”

“那你们店在高档社区吧？”我问。

“不是，我们店周边的经济环境很一般。”

我有点迷茫了。“那你们是怎么做到比公司其他分店多卖出那么多书的呢？”

“这是因为我们对待顾客的方式不一样。”皮埃尔说，“如果一位顾客和我们员工的距离在3米之内，那么员工就要和这位顾客打招呼。不过也没有什么特别的方式，就是‘嗨’‘你好’之类的话。”

“就是因为这样？”我问。

“是的。有的顾客来我们店里，被我们的员工问候了16次，这都是很平常的事。”

“16次？”这真让人难以置信。“你们这么热情，会不会让顾客觉得你们要向他们推销什么东西呢？”

皮埃尔笑了，很友好，也很真诚——虽然从他的眼神里可以看出，他觉得我很天真。“鲍温先生，”他说，“我们就是在向他们推销东西，我们是一家书店，顾客到我们店里来也肯定是想买些什么。我们只不过是给了顾客一些每个人都很渴望的东西，把这个过程变成一种愉快的经历罢了。”

“给了他们什么？”我问。

“关注！”埃尔说道：“人们都希望得到认可。那些顾客在别的店里可能没有受到过这种招待，而在我们店，店员会问候他们，跟他们说声‘你好’。我们不是要把书硬塞给他们，我们一次又一次地跟顾客打招呼，是想让对方知道我们一直在关注着他们。这样，顾客会觉得自己很受重视，所以他们就会从我们这儿多买些书。”

“人多势众、人多保险。”你早就听说过这句话了。人类是一种群居动物，我们需要有人来告诉我们，我们属于他们的团体，为他们所认可。这就是为什么有时人们很难终结一段不健康关系的原因。和某个人在一起，可能会很痛苦，但是不管怎样我们还是有一种归属感，有个“落脚”的地方。而且我们会觉得，总比自己孤单一人好。

DNA里的一些东西在告诉我们，要把自己和其他人联系在一起。只有和别人在一起，我们才会觉得安全，内心才会感到安稳。那么我们怎样才知道别人已经接受我们了呢？这时，就需要别人的认可和关注。

我们曾说过，同他人的关系并非可有可无，而是一种必需。这就是为什么同一个陌生人一起乘电梯会让我们感到不舒服。我们和他如此接近，可是彼此间却没有任何关系。我们还没有承认他，而他也没有承认我们。因此，我们觉得有必要建立一种联系，而大多数人都会动用一切能想到的方法，去搭建一座桥梁。通常，他们会用抱怨，会就天气发表一段负面的评论（“嘿，伙计，这雨还能停吗？”）或者就当地的一些职业球队发两句牢骚（“老兄，巨人队昨晚都把咱们这搞臭了吧？”）试图承认对方并引导出一种回应。对话不需要太深入，也几乎不会太深入。这时，紧张的气氛就被打破了，彼此间的联系也建立了起来，双方都得到了承认。

很多想挑战自己、让自己变得“不抱怨”的人都曾发现，他们和家人、朋友的相处变得有些困难了。因为这些人早已习惯了用消极的陈述展开一段对话，以此来吸引别人的注意。他们会抱怨工作，抱怨孩子的行为，抱怨他们的健康状况、天气、政治……总之，有那么多东西可以抱怨。这简直成了吸引别人关注的默认模式，不管他们在说什么，想要传递的真正信息都是："嘿！快来注意我呀！"

著名作家乔·维塔尔（Joe Vitale）告诉我，在知道了人们喜欢用抱怨开始一段联系的倾向之后，他设计出了一种"破冰"的全新战略。"我会去赞美他们，"他说，"不一定非要去赞美什么大的东西。我曾经也在电梯里遇到陌生人。那天外面正在下雨，那个人就站在我旁边，手里拿着一把挺漂亮的雨伞。我就跟他说，他那把雨伞很漂亮，我很喜欢。那人笑了，而在剩下的时间里，我们一直都在讨论这把雨伞——它很漂亮、很好看。直到分开时，我们都很愉快，觉得能够认识彼此是件开心的事。我不用抱怨的方式也能成功地开启一段对话，开始一段关系。""电梯坚冰"（elevator ice）也能被热情融化，这比起费时费力的抱怨不是好很多吗?

不管到什么时候，赞美别人都不会错。如果你几乎不认识对方，或者你们只是工作上的关系，那么你最好针对一些物质性的东西（比如，这个人的鞋子、公文包、手机等）发出赞美。不要去赞美别人的身体特征。对别人的身体和其他一些很私人的东西的赞美，会让人感觉不舒服。一些评论，比如，"多漂亮的耳环呀！"或者"这双鞋真不错，你在哪儿买的？"都会让别人感觉你毫无恶意。当然，你也要确认自己在说这些话时真的毫无恶意，不具任何威胁性。要保证你不是在巧妙地去打击别人，除非你已经做好了收拾残局的准备。

对别人行为的赞美也很受欢迎。“你总是那样热情地微笑，整间屋子都被你照亮了。”不仅可以让对方感觉到你在关注他，还会加强他的这种行为，让他更有可能去重复这种被你赞美了的行为。“你总是这么守时，这是我欣赏你的地方。”也是个很好的例子。赞美一定要真诚，要发自内心，不然别人会觉得你是挖苦和试图控制他们。

当然，对于那些和你关系亲密的人，你可以也应当更自由地去赞美他们。哪怕你的爱人穿了一套你已经看过几十次的旧衣服，只要你觉得很好看，就应该说出来，不要吝惜你的赞美之词。这样做不但会加强你俩的关系，还会让你的爱人更加爱你。

我和家人一起住在密苏里州一个叫作科尔尼（Kearney）的小镇上，它就坐落在堪萨斯城的市郊。历史上那个很有名的亡命徒杰西·詹姆斯（Jesse James）就葬在这里，小镇也因此闻名。我们很享受这里的生活，其中一个重要原因就是这里的人很热情，当你开车从他们身旁经过时，大多数人都会向你挥手致意。一般情况下，这些人你以前都没有见过，将来也很难再见面，不过他们这一挥手，还是告诉了这个信息——“你已经被认可了，我已经注意到你了。”当这一切发生时，即使别人的动作可能只是一种习惯，也可能只是随意敷衍，但这动作的接收者却宁愿把它内化为一种新的概念——“我没事，我属于这里，我很安全。”

那么寻求他人关注又意味着什么呢？通常，这意味着让别人看着你，和你交谈，或者以某种方式和你建立关联。我从曾经参加过的各种讨论和对话当中，发现了一个共通的现象——试图得到他人的关注是人们发出抱怨的主要原因。因此，我想有必要在这里向人们发出警告，现在我们所处的科技社会当中，人与人之间的关注，已经比巴西的热带雨林还要稀罕了。看看周围，你会发现有那么多人宁可盯着小小的手机屏幕，也不愿看身边的人一眼。

仅仅是为了好玩，下次你再去某个公共场合时，可以数一数有多少人正看着他们的黑莓手机、iPhone或者其他装备（估计还是数那些没看的人会省时一些）。在饭店、公园、电影院、保龄球馆，总有那么多人神情麻木地坐在那里，或是看看自己的分数，或是发发邮件，回个短信，玩玩游戏，看看网页，不管怎样，他们宁可跟那些远在天边的人“隔空交流”，也不愿和自己身旁的约会对象、朋友或者家人说一两句话。你开车出去的时候，也可以注意一下有多少人是坐在同一部车里，却互不理睬，每个人都拿着自己的手机，同那些不在眼前的人热烈“交谈”。

滥用这些小玩意夺走了人类的一种基本需要：关注。从我们的上一代到现在，全家人聚在餐桌旁一起吃饭的场景已经很难见到了。越来越多的人会到“得速来”（drive-throughs，免下车餐馆，顾客可以坐在自己的车上购物、进餐、看电影等）结束一餐饭，或者坐在电视机前，一边吃饭，一边欣赏肥皂剧，他们把注意力全集中在了电视节目上，却忘记了身边的人。那种家人一起吃饭、没有高科技来分神的进餐方式曾给我们带来很多益处，可是现在这些益处正飞速远去。

来自EAT（Eating Among Teens，青少年膳食状况）工程

（美国心理协会所设立的一个项目，旨在研究青少年的膳食习惯）的玛拉·艾森伯格女士发现，经常同家人一起用餐，会使青少年在心理和行为上大受裨益。她在研究中指出，长期同家人一起吃饭的青少年染上烟瘾、酗酒或吸毒的概率更低，而且这些孩子在学校的表现也很好，他们很少有抑郁症状、自杀倾向。在没有电视节目干扰的情况下和家人一起吃饭，可以帮助父母为孩子树立健康饮食的好榜样。这不但可以帮助孩子摄入生长发育所必需的营养，更重要的是，孩子可以从父母那里得到更多关注，让他们的灵魂也得到滋养。

当意识到“抱怨当天的种种”已经成了我们每次晚餐对话的开场白时，我和家人及时地改变了晚餐的仪式。现在吃饭时，我们会互相看着对方，依次问道：“你今天有什么开心的事吗？”这为我们接下去的谈话设定了一个快乐的基调，而不是像以前那样，在一片抱怨声中消耗掉在一起的美好时光。

不管你们之间的联系够不够深，时间是不是很短暂，那些和你有关系的人，都需要得到你的关注。当你把他们所渴望的关注给予对方时，或许他们就不再有那么多抱怨了。同时你会觉察，自己也开始受到他们的关注。其实，这也是你所渴求的。

Remove Responsibility：推卸责任

20世纪70年代开始，很多情景喜剧都开始致力于剧本的创作，逐渐形成了自己的经典台词。很多观众每星期都会专心地坐在电视机前，就为了听那几句出彩的话。喜剧演员弗雷迪·普林兹（Freddie Prinze）曾主演过一部名为《奇科和男子》（*Chico and the Man*）的情景喜剧。这部剧在1974—1977年间播出，曾风靡一时。在这部电视剧里，普林兹扮演一个有着浓重波多黎各口音的汽车修理工。每次有人让他做不愿意的事时，他就会说出那句著名的台词——这不是我的工作（it's not my job），只要他一说这句话，观众们就会爆笑不止并且热烈鼓掌。

通常，人们之所以抱怨，就是为了把自己从某种责任中解脱出来。这些抱怨似乎是在告诉别人："这不是我的工作。我没有错。我不负责任。"

过去，美国的小孩子很喜欢玩一个叫作"热土豆"的游戏——一个小孩拿起一只皮球，一边高声喊着"热土豆"，一边迅速把球传给另一个小孩，接到球的这个小孩，也会喊着"热土豆"，赶紧把球扔给别人。一轮又一轮，"土豆"在孩子们中间传来传去。在孩子们的想象里，这个"土豆"非常烫，不快点把它扔出去就会把自己的手烫坏。但是这个"土豆"只能扔给别人，要是谁不小心把它丢在地上了，就会被淘汰出局。

其实，人们在抱怨时不也是在玩这个"热土豆"游戏吗？他们觉得只要对现存问题发表一些消极的评论，就能让他们摆脱寻求积极解决方式的责任。他们的抱怨一直在说："这不是我的工作。我要把它传给你！"他们会向某个人抱怨，认为这样就算完成任务了。他们就是"煤矿里的金丝雀"，只要发现问题就可以了（金丝雀对瓦斯十分敏感，只要矿坑内稍有一点瓦斯味道，它就会焦躁不安，甚至啼叫。因此以前矿工们会在矿坑里放金丝雀，当作早期示警的工具）。至于解决问题嘛，那就是别人的事了。一般情况下，他们向谁抱怨，就是想要谁来解决问题。

这个时候，要是那个“接收”抱怨的人能够解决问题还好，他们也算没白费唇舌，可是通常这个人不会解决问题，他也想把“热土豆”传给别人，每个人都指出了问题，觉得自己已经完成任务了，可实际上他们所做的一切都只不过是在推卸责任。到了紧要关口，他们就消失得无影无踪了。

以前，总有很多人到教堂里向我抱怨这样、那样的事情。我就会说：“很高兴你能注意到这个问题。那么你打算做何努力来改变这种状况呢？”这时，他们脸上就会呈现出一种不知所措的表情，好像在跟我说：“做些什么？我不是已经做了吗？我把问题告诉你了呀？这个‘热土豆’（问题）是你的了！”很快我就发现，询问抱怨者打算如何改善现状，可以大大减少他们的抱怨。我是在善意地提醒，他们可以借由自己的努力，去改变那些让他们讨厌的事情。

我的人生哲学就是：你要对自己的人生负责。这一刻尽力做，下一刻容易做。

——奥普拉

你可能认识一些人，他们曾经向你抱怨生活中的一些问题；你或许也发现——假如你给了他一个建议，告诉他这样做可能有所帮助，他立马就会嗤之以鼻，告诉你，你的建议不会管用的；因为你是真心想帮忙，就又给了他另一个建议，而他会再一次否定这个建议，抱怨你的想法是多么不切实际。如此数次之后，你会发现他根本不想改变现状，他只是想让你作为证人，去证明他的想法是对的——这个问题糟糕透顶，他们无能为力。这样他们就可以脱身了，就成了受害者、牺牲品，这让你和全世界都知道，他们没责任也没法解决这个难题。

作家和空想家迈克尔·贝克威思（Michael Beckwith）曾经说过："牺牲，是精神成长的最低水平。"人们把自己看作其他人或周围世界的牺牲品，也是当下境况的牺牲品。而抱怨就被用来加强这种想法，让它永远持续下去。同时抱怨也阻止了人们尝试去改变这种状况的行为。这就是为什么人们总是抱怨和自己有关系的人。通过抱怨同事、家人、配偶及朋友，人们在告诉别人："他们就是这个样子。我根本没法改变他们。"如果你提出一些建言，他们的抱怨就会更尖锐，试图要向你证明他们真的无能为力，进而摆脱那种去改善关系的责任。

抱怨会让野兽知道，它们的祭品就在附近。

——马雅·安洁罗

想想某个经常被你抱怨的人。你觉得他有很多缺点，他做的事让人讨厌，其他人也这么认为吗？这个人在每个人面前的表现都是一样的吗？如果他在跟其他人相处时，变得亲和友善，他是如何做到的？你怎样才能和他建立类似的关系呢？如果需要，你怎样才能以更温和的方式同他相处？或者怎样做既能坚持自己的信条，又不责备求全，把自己的意愿传递给他呢？你要做些什么，才能让他给予你应有的尊重和对待？

关系不是一种50/50的比率，而是100/100。你要百分之百地对你的关系负责。有人把“负责”（responsible）定义为“可以回应的”（able to respond），这是我听过的关于 “负责”的最好定义。在关系中，你可以去“回应”，能够做一些事情去改善这种关系。抱怨否定了你这种回应的能力，让你不敢去尝试。虽然你的回应，在第一次时可能毫无作用，但是通过不断地努力，你终究会发现适合你的引导关系的良方。著名作家韦恩·戴尔（Wayne Dyer）说：“是你教会了别人怎样对待你。”不管别人如何待你，都要承认是你教会他们这样对你的事实，并且扪心自问你该做何改变。你想别人满足自己的需要，对方都接收到你的信号了吗？

小时候，我最喜欢去主日学校听牧师讲大卫和哥利亚的故事。那时还是小男孩的我，深深地被这个故事吸引住了。一个和我差不多大的男孩，竟然只用一架投石机和一块石头，就把巨人打败了。他是怎么做到的呢？人们告诉我，是因为上帝的帮助。

很多年之后，我再次读到这则故事。此时已是成年人的我，终于读懂了其中的深意。《撒母耳记》中是这样写的，巨人哥利亚向以色列军队下战书，表示只要有人敢来应战，都可以和他一挑一地对决。而取得胜利的一方，有权决定战争的结果。可是以色列这一方的士兵都很害怕，他们觉得自己无法打败这个腓力士巨人，不敢接受挑战。就这样，双方的战争一直持续着。哥利亚狂妄地在战场上走来走去，叫嚣着让以色列人来和他战斗。可是以色列士兵都避开他，去攻打其他腓力士战士。

这时一个牧童出现了，他就是大卫。他要和哥利亚决斗。当他把这个想法告诉哥哥们时，他们都警告他，说他不可能打败那个巨人。大卫的哥哥们从来没有试过去和哥利亚对抗，但是他们却认为自己必败无疑。

问题：有没有哪个朋友或家人曾经告诉你，某种关系不可能得到改善？

之后，大卫去找所罗王（King Saul），把自己的想法告诉了他。和大卫的哥哥们一样，所罗王也认为哥利亚是不可能战胜的。不过所罗王告诉大卫，如果他还是想试试，可以穿上自己的盔甲去作战。

问题：你有没有遇到过这样的人——他们自己都没有愉快的、成功的关系，却一直想要指点你，告诉你应该如何改善你的关系。

大卫不顾哥哥们的警告，丢下所罗王的盔甲，还是一身牧童装扮来到哥利亚面前。他仅靠一架投石机和一块石头就取得了胜利。

从一个成年人的角度来看这个故事，我认为大卫可能不是唯一一个能够战胜哥利亚的人，但他是唯一一个敢于尝试的人。

上帝（或是神灵、老天，随便你称作他什么）那时没有偏袒大卫，现在也不会偏袒任何人。因为唯一能为你的幸福和人生负责的人，就是你。你拥有无限的潜能，去为自己的幸福做出回应。不要听信别人的劝阻，认为你的关系无法改善。也不要盲目听从别人的建议，因为那些人自己在关系中都一败涂地。我有一个朋友，他在四十岁前，已经离过四次婚了。即使这样，他还老是要给我的婚姻关系提些建议。没办法，我不得不让他停下来——“我说，你自己都被马摔下来了，还要教我怎么骑马吗？”

他的回答很经典：“这不是我的问题——是我娶的那些女人有问题。”这下他又开始讲述自己是多么不幸，抱怨他的几位前妻有这样、那样的缺点……整整说了一个半小时。我试图让他明白，是他自己选择了那些女人，并且娶了她们。可现在又来抱怨她们一无是处。他把责任都推到对方身上，这样做只能让他在将来的关系中也频频挫败。最近，我听说他又要娶第五任妻子了。

著名的教育家、作家威廉·亚瑟·沃德（William Arthur Ward）写道：

悲观者埋怨刮风，
乐观者静候风变，
现实者调整风帆。

对关系的过程负责，这样在任何关系中，你都会有调整“风帆”的能力。

Inspire Envy：引人艳羡

很多抱怨背后，都隐藏着一种对自身优越感的夸耀。那些抱怨者在向你暗示："你肯定有问题，因为你不像我这样。"很多抱怨，其实就是抱怨者和被抱怨者之间一种微妙的、消极的比较。抱怨者在心里暗暗地说："我一点也没有我所抱怨的这些缺点，你难道不想像我一样吗？"

抱怨："我的新老板一点也不称职。"

潜台词："我比他有能力多了。"

抱怨："你老是用很长时间才能准备好。"

潜台词："我很有效率，很守时。"

抱怨："那些白痴又把我们的水费账单搞错了。"

潜台词："如果我在那儿工作，肯定不会出错。"

抱怨："你真蠢。"

潜台词："我真机灵。"

人们为了让别人羡慕自己，就会开始抱怨。所以从本质上来看，抱怨其实是一种吹嘘。你或许正在消极地谈论着某个人，可是你真正想说的就是自己比他强。你希望别人能够注意并欣赏你的这种优越性。

如果你不太相信，就请想一想那些让你在开车出行时感到心烦意乱的驾驶员吧。你只会抱怨那些和你不一样的人——如果你想快点开，展示一下娴熟的车技，这时要是有哪个司机老是慢吞吞，总是挡在你前面，你可能就会隔着挡风玻璃朝他大叫；如果你想慢点开，那些横冲直撞，总是超车的司机就要遭到咒骂了。

说到开车，我和妻子桂儿风格迥异。我喜欢开快车，而桂儿却慢得要命。我是个急性子，得尽量控制速度，免得被派超速罚单，而桂儿则完全相反。每次她开车送我去机场时，我都会呆呆地盯着车窗外面，心里暗想："求求你开快点吧！看在上帝的分儿上！连口香糖纸都超过我们了！"到了我开车的时候，桂儿同样感觉很不舒服，从仪表板的指甲划痕和她那一脸惊恐就能看得出来。

事实上，那些大声的吹嘘，常会泄露这个人心中的不安全感。通过这种"抱怨着的自夸"，说话人其实是想告诉别人："请跟我说，我很好吧！因为现在或者是目前这个阶段，我感觉糟透了。"如果你看到哪个人如此，去听听他在批评或抨击什么，说不定他正是在这方面不太自信，才会去抱怨的呢。比如，你哪个朋友对别人的衣着发表了一番恶意评价，你就得思考一下，是不是他觉得自己穿得不够迷人呢？这时，你要试着去赞美他，让他自信一点；如果同事们都在抱怨别人的某项任务完成得烂透了，也许正因为他们觉得自己没有做到最好，才会去抱怨别人，此时你可以试着寻找一种方式，给他们一些真诚、积极的评价。

如果某个人遇见你之后就开始抱怨，说明他可能正努力让自己看起来更好一点。不要去跟他争吵。你有没有想过，所谓争吵只不过是两个人在那里互相斥责和抱怨，没有任何积极的作用，所以你千万不能中了它的“圈套”。深吸一口气，不要让他那些消极能量影响到你，就算是别人先挑起“战争”，你也不一定非要去响应，他们之所以要批评你，只不过是想以此来膨胀自己的消极形象，给自己找点安全感罢了。

当你发现自己正在抱怨时，请反思一下，你是不是在用这些抱怨来抬高自己？是不是想以此来证明你比别人优秀？是不是在向别人暗示你更聪明、更有效率、更友好、更会打扮、更守时……如果真的是这样，那就说明你在这些方面已经有些不自信了。很多时候，你抱怨别人在哪方面做得不好，并试图证明自己在这方面更具优势时，就说明你已经在这方面感到自卑了。

抱怨可以让我们知道自己还有哪些需求未得到满足，因此它是一种很有价值的信号，不过前提是我们愿意深入自己内心世界去寻找引发这些抱怨的原因。理论上，我们应当经常审视自己，去探究这些抱怨的根源，在还没有造成“听觉污染”时，就将它们消化掉。

作家马克·吐温（Mark Twain）在给他朋友的一封信里这样写道：“雷声响亮，它的确让人印象深刻，可闪电才是真正有用的东西。”“抱怨着自夸”就是一阵雷声，它声音响亮，会引起你的注意，可是它却很空洞，不包含任何实质性的东西。但我们可以通过“雷声”去研究“闪电”形成的过程，并且利用“闪电”的能量造福自己。

Power：操纵力

抱怨是获得操纵力的一种很有效的方式。

历史上几乎没人能像阿道夫·希特勒（Adolf Hitler）一样，能够在那么短的时间里迅速累积那么高的影响力，也几乎没人能在获得如此高的权力之后，却落得他那般悲惨的下场。

问题：一个出生于奥地利、曾经的广告牌画师，是靠什么积累起那种控制整个德国的至高无上的权力的呢？又是如何发动了一场与全世界对抗的战争的呢？

答案：靠的就是抱怨！

在《我的奋斗》一书中，希特勒是这样写的：所谓领导者的艺术——从各个时代那些真正伟大的领导者的事迹来看——就在于联合人民的注意力，并将其集中到一个共同的敌人身上（抱怨这个敌人）。人民对同一目标的好战情绪越强，就会有越多的新成员加入到这一队伍中来，他们会为这种统一行为的力量所吸引。这样，这种惊人的力量就会不断被增强。

在他那些怒不可遏、辛辣刻薄的演讲里，希特勒试图创造一个可以让大多数德国人联合起来、共同对抗的敌人。他把德国在“一战”之后出现的一些问题，归咎于他所谓的“劣等民族”身上。他宣称非雅利安人，尤其是犹太人，是一切问题的根源，而这一说法博得了绝大部分德国人热情的支持。在他的著作和演讲中，希特勒详细描述了他那个由雅利安人统治的“种族纯净”的世界。他让追随者们确信，雅利安人才是人类生存的最后一丝希望。他没完没了地抱怨着，让绝大多数国人相信他们的国家和世界正处于危险的边缘。就这样，希特勒凭着他的花言巧语，终于爬上了权力的巅峰。

在各种关系中，人们会用抱怨把你拉到他那一边，让你和他站在一起，以便让他拥有赢得别人的力量。你的某个家庭成员对另外一个家庭成员不满意，他可能就会向你抱怨，确保一旦需要的时候，可以得到你的支持。抱怨者正为自己建造权力的基础。

有人向同事抱怨，以期这位同事能跟他联合，共同对抗管理阶层或其他同事。万一事件最后演变成“他们与我”的“战争”，他也非常希望将你拉拢过来，将其变成一场“他们与我们”的较量。

在美国，我们可以在选举期间更深刻地体验到这个用抱怨取得权力的过程。每逢选举季到来，就会有各种各样负面的、互相抱怨的报导从各种渠道拥来，不断冲击着我们。你可能会想，干吗要通过无线电波倾泻这么多负面情绪呢？——因为这真的很管用，只不过它可能会以某种你意想不到的方式起作用罢了。如果你是某一个政党的“死忠”，另一个参选政党并不会天真地认为这些负面报导会将你争取到他们的阵营来，他们会用这些负面报导，让你对自己政党的候选人极度厌恶和反感，以至于放弃投票。而对手少得一票和他们自己多得一票是一样的，都能让这个抱怨的政党更接近竞选的职位。这早已不是什么新鲜事了。在1944年出版的《点头与招手》（*Nods and Becks*）中，富兰克林·P. 亚当斯（Franklin P. Adams）这样写道："人们赢得选举，主要是因为多数人投票反对某个人，而非投票赞成某个人。"

沉湎于消极事物，只会增强消极的能量。

——雪莉·麦克雷恩（Shirley MacLaine）

当你深入了解人们抱怨的原因时，你会发现，正如我们在前面所说的那样，人们是在用抱怨推卸责任。他们会跟你讲一大堆冗长枯燥的道理，来证明他们不能也不应该负责去改善某种状况。他们会不断地抱怨，引诱你认同他们的说法，支持他们的不作为。这就是在用抱怨获取权力。

某些人会抱怨别人总是迟到、太无礼、太邋遢、语速太快、说话太少、妄下结论等。给对方下了这种定义后，抱怨者就像打了针疫苗一样，不用再为如何解决问题而费脑筋了。但是他们心里很清楚，是他们自己太懦弱，不敢也不愿去寻找一种和谐的关系，才让他们把抱怨的手指指向别人。

不久前，为明确我们教会存在的目的以及对未来的愿景，我们开展了一次战略规划活动。首先，我们拟定了一个长达四十五分钟的面谈，面向所有人。几个星期里，我们通过一切能利用的渠道，向教区所有人发出信件，通知面谈的事情；然后，在接下来的六个月内，又设立五个不同的会场，邀请人们参加为时一天的面谈，分享对教会的看法，并提出期望。好几百人参加了这次活动，最后制订出的行动计划不仅令人信服，而且颇有启发性。

不过，活动期间总有一小群人，对我们的活动方向表现出很困扰的样子，而且，他们的抱怨声越来越刺耳。教会负责人刚开始听到这些抱怨时，也很关注，担心这些人说的事我们没有考虑到。可是，我们发现了一个奇怪的现象，这群人并不是直接跟我们讲，而是向其他未参加面谈的人抱怨。

由此，我们意识到，这群人在制订行动计划的过程中抱怨，承担部分工作的责任就可以通过这种方式推卸掉了。他们站在一旁抱怨，这样不管结果如何，自己都无须负责。对此，我们也予以理解。可是，现在事情都已经决定并往前推进，他们怎么还抱怨呢？而且，他们为什么给其他没有参加活动的人打电话，向他们抱怨呢？

后来我们明白，抱怨者是为了安抚内心刺痛的自我，他们心里告诉自己，如果事情变得对自己很重要，就得花时间去参与。其实，他们也明白，抱怨事情进行的方式无法改变行进轨迹，却可以让不作为合理化。他们努力想挽回面子，没有什么比留住面子更要紧的了。

要警惕抱怨，它们常被人利用来操纵你或者其他人。牢固的关系建立在相互信任和安全的基础之上，而这两者在操纵力的博弈中不存在。罗伯特·弗罗斯特（Robert Frost）曾撰文写道："长期维持操纵力的最强大且最有效的力量，不是统治者控制被统治者的种种暴力，而是各种形式的认同，让被统治者心甘情愿地顺从。"因此，在人际关系中，别让自己为他人的抱怨所左右，而轻易地顺从了他人；应当了解真相，自主做决定。

Excuse Poor Performance：为欠佳的表现找借口

人们抱怨，可以在事情做不好时有开脱的借口。抱怨者会在还没开始工作前，就先抱怨一番，或者当表现欠佳时，他们也会抱怨，倘若结果糟糕也有理由辩解了。

再次引用克莱姆森大学（University of Clemson）罗宾·柯瓦斯基博士的话："人们也许会把抱怨作为一种自我妨碍的策略，就是为了挽回面子……例如，学生在考试前一晚抱怨生病，一旦考不好，就有了借口。"

你有没有过这样的经历——早上跟某人打招呼说："你好吗？"迅即，你开始后悔自己说了这样的话，因为从对方的脸上看出来，他就要向你倒一大堆苦水了。

"糟透了……邻居家的狗整晚都在叫，结果我一觉睡过了头。起床后我穿了新买的蓝衬衫，可是刷牙时一不小心，牙膏粘到了领口！"他越说音调越高，声量越大，"于是，我又去换白色衬衫，可是发现它满是皱褶，我就想熨一下，没想到烫伤了两根手指！" 举起烫伤的手指，他继续大声地抱怨着，说话间几乎不带喘气，"之后，我走进车库，却发现女儿忘记关掉车前灯，该死的蓄电池全用光了。我匆忙充好电，上班路上一辆车突然抢道插到我前面，害得我把咖啡溅在刚熨好的白衬衫上。后来，我又……"

对方没完没了地说着，你心里就开始想："如果我假装突发心脏病，或许他们才会停止跟我抱怨。"

这个人难道真是想让你了解他们的糟糕经历吗？不，他这么做，只是为了引起你的关注罢了。他描述夸张，嘲讽自己的手忙脚乱，言下之意是说：别指望我今天还能高高兴兴，工作富有成效！

人们抱怨工作环境，是一种手段，可以转移上司的注意力，别将焦点放在自己的糟糕表现上。他们一再对工作条件做出负面评价，表明自己是被迫工作的，如此一来，即使成效低于标准，他们也能逃脱责罚。下面是我收到的一封电子邮件：

真诚的分享

留下的，都是不抱怨的员工

我经营着一家不大的美容院，听完你的演讲，回去后我就在员工中推行“二十一天不抱怨运动”。我敢保证，全世界几乎每家美容院的员工休息室都是八卦长舌之所，员工们聚在那里抱怨这，抱怨那，除了抱怨还是抱怨。

2007年元旦前夕，我来到美容院，把休息室粉刷成紫色，还在墙上刷上“不抱怨的世界”的标语。次日员工们来上班，我给每人发了一张您的演讲CD、一本您的大作以及一个“不抱怨紫手环”。我还让他们看了我绘制的一张图表，表上列有每个人的名字，计算各人“二十一天不抱怨”进展的天数，完成挑战的人可以得到奖励。

第一星期的时候，大家还觉得挺有趣。第二个星期我有点慌了！星期三那天有三名员工提出辞职，他们对我说：“如果你不允许在美容院里谈论问题，我们只有不干了。”听完他们的话，我默默地打开门，送他们出去。那天晚上，我花了些时间祈祷、静思，确定自己在做的事是正确的。走的三名员工在店里是最爱抱怨的，对于他们的离开，其他员工的反应是——“谢天谢地，这几个家伙终于走了！”

接下来，我找人接替走掉的三个人。面试总是从休息室里开始，我让面试者看刷有标语“不抱怨的世界”的紫色墙，告诉他们这是一家“不抱怨的美容院”。结果，新招来的三名员工比走掉的那些人工作效率高一倍！

——德州休斯敦市科比镇，奥尔登·克拉克

你注意到了吗，在克拉克先生的美容院里，最会抱怨的员工也是工作效率最低的员工。也许，正是他们抱怨的“负能量”赶跑了顾客。不过，更有可能的是，他们通过抱怨来掩饰自己糟糕的工作表现。这些人力图把工作成效不高归咎于美容院的环境，而不是自己本身。

一次坐飞机时，我听到一个人为自己欠佳的表现开脱。我搭乘的是一架从密苏里州堪萨斯市飞往纽约的大型客机，机上乘客满员。大家登机后，飞机在地面停了好久还没起飞。原定时间早就过了，乘客们开始不安起来。

空乘人员打开广播，播报道：“各位先生、女士，对于此次起飞延误，我们深表歉意。但是，美国联邦航空管理局（Federal Aviation Administration）有硬性规定，机组人员在两次飞行中间必须休息满一定的时间。现在他们的休息时间已经达到了航管局的要求，我们很快就将从地面起飞。”

听到广播，周围的人开始抱怨起来。我个人倒是觉得，由一名休息充分的飞行员驾驶飞机，我们是多么幸运啊！

很快，飞机驶出停机坪，准备起飞。飞行员通知说，下一架就轮到我们，并要求乘客坐回座位。然而，又有事情发生了；或许应当这么说，什么事情都没发生。我们等啊，等啊，等了又等，结果飞行员再次开启广播，播报说飞机的一个发动机发生故障，必须返回闸口修理。

周围的人听了，再一次开始大声抱怨。而我却只想，飞机还停留在地面时就发现了故障，我们是多么幸运啊！

修理发动机的一小时里，大家仍然待在飞机上，没有下去。等候期间，我想起来这会儿本应当抵达纽约了，我必须给妻子桂儿打个电话，因为我向来是飞机一降落就通知她的。电话内容大概是这样的：

“嗨，是我。没到呢。事实上，我们还没起飞！……是这样的，机组人员昨天进场晚了，所以，今天早上一直等到航管局规定的休息时间满了……后来，又发现飞机出了故障……是的……我也不知道……很快吧，我想。到了以后再打电话给你。我爱你……再见。”

我并未抱怨，只是陈述事实而已。我讲电话时没带丝毫的“负能量”，类似“他们怎么可以这样对我”之类。后来，坐在我正前方的那位男士也决定给他妻子打个电话。这是我听到的他们的对话：

“是我……没有！当然没有……我们甚至都没起飞……是这

样，那个该死的飞行员，最好叫他‘睡美人’，来晚了……我知道！……接着，他们发现这架破飞机有毛病……你问我结果会怎样？我会丢掉这次联络客户的机会……我不能赶过去见他了！……单子？单子不会有了，忘掉它吧……原因？我来告诉你，我没法准时去见客户，这就是原因！……‘我怎么知道的’？我当然知道，这是我见这个客户的唯一机会……对，我唯一的机会。我告诉过你会发生什么事了！到了再给你电话！真让人气愤！挂了！”

这个男人居然说，所有的希望都没了，向那位客户销售什么都不管用了，而一切都是因为一次航班的延误造成的。这个人在为自己的欠佳表现找借口。

进入教会之前，我一直从事销售工作。二十年来，我卖过广告、手机、保险。无论是我个人的销售经验，还是其他事情中，从来都没有见过约见哪位客户只有“唯一一次机会”。现在，不过是一趟航班延误，这个可怜的家伙就以此为由，为自己拿不下订单开脱。

接下来的事情颇具讽刺意味。飞行员又一次广播通知机上的两百多名乘客。他说：“各位先生、女士，此次延误我们非常抱歉。我们知道，修理故障耽误大家很长时间，但是，乘客们的安全是我们最为关心的事。我们现正签署修理报告，大约十分钟后就会起飞。这儿还有个好消息告诉大家，有需要中转的乘客，我们已经为你们安排好……不过，有两名乘客的中转航班还未能落实。”

然后，他公布了那两名无法抵达目的地的乘客名字，话音刚落，那位销售员就从座位上跳将起来，气急败坏地说了声“果然”！吐出几句脏话后，他怒气冲冲地下了飞机。

·不·抱·怨·观·念·

■不管到什么时候，赞美别人都不会错。赞美一定要真诚，要发自内心，不然别人会觉得你是挖苦和试图控制他们。

■人们之所以抱怨就是为了把自己从某种责任中解脱出来。他们觉得只要对现存问题发表一些消极的评论，就能让他们摆脱积极解决问题的责任。

■唯一能为你的幸福和人生负责的人，就是你。你拥有无限的潜能，去为自己的幸福做出回应。

■不要让他人那些消极能量影响到你，就算是对方先挑起“战争”，你也不一定非要去响应，他们之所以要批评你，只不过是想以此来膨胀自己的消极形象，给自己找点安全感罢了。

■很多时候，你抱怨别人在哪方面做得不好，并试图证明自己在这方面更具优势时，就说明你已经在这方面感到自卑了。

■在各种关系中，人们会用抱怨把你拉到他那一边，让你和他站在一起，以便让他拥有赢得别人的力量。

·不·抱·怨·行·动·

■列出你常常抱怨的事情，并写出抱怨是出于以下哪种动机:

- Get attention 寻求关注
- Remove responsibility 推卸责任
- Inspire envy 引起艳羡
- Power 操纵的力量
- Excuse poor performance 为欠佳表现找借口

注意，以上项可复选。

■倘若不是通过抱怨来满足上述需求，你会说些什么，做些什么?写下你想说的话和想做的事。

■你百分之百能够改变自己在关系中的形象，并由此改变关系的进展。举出你认为颇具挑战的关系，若要关系中的挑战因素不再出现，你应当成为什么样的人?如何做到?——列出。

Part 5

释放和“处理”抱怨

- “处理”愤怒才能驱走负能量
- Venting 释放
- Processing 处理
- 找到最佳的方法，赶走抱怨
- Complaint Free 不抱怨
- About me 我的事
- Neutral 不偏不倚

只有自身不完善，才会抱怨事物有缺陷。人们越完美，对待他人的缺点就越有风度，越不会妄加评论。

——弗朗西斯·德·费内隆

“处理”愤怒才能驱走负能量

2006年圣诞节，我、妻子桂儿和女儿莉亚，到我岳母位于北卡罗来纳阿斯维尔（Ashville, North Carolina）附近的木屋度假。抵达目的地之后，我们坐在木屋的露天平台上休憩，山谷对面是一座高山。凝望山顶，可以看到一座古旧的烽火台。前几次木屋之旅时，我们曾尝试徒步登临远方那座山。爬上烽火台，饱览眼前开阔的自然风光，那一定美不胜收。

可是，尝试未能成功。只走了上山路程的百分之七十，太阳就要下山了，我们担心抵挡不住夜晚的寒冷，只能调头回去。这一次，我们下定了决心，一定要登上山顶，什么都不能阻止我们，并计划好次日一早就出发。无论如何，我们都将爬上最高峰，征服烽火台。

天刚刚破晓，我们就踏上了通往山顶的小道。以十二月的大烟山（Great Smokey Mountains，美国国家公园之一，也称大雾山）来看，这天的天气分外宜人。天空万里无云，温度也攀升至15.5摄氏度。之前知道天气很好，可能会出汗，所以我们只穿了薄毛衣和牛仔裤。

走了大约一小时后，我们看到好几棵被冰风暴摧垮的大树，刚好倒在我们行进的路上。有一些堆在了一起，垒起来很高，我们无法顺着木头翻过去，不得不绕个大弯。我们也因此好几次离开了那条小道，但每次离开，我们都前后检查一番，设法走回正确的轨道。一旦感觉迷路了，我们就抬头看烽火台，它高耸在山顶，宛若灯塔一般，为我们指引方向。我们边走边聊天，又唱又笑，十分开心。

中午时分，我们停下来吃午餐，在小溪边生起一堆火，就着火烤热狗和棉花糖，同时说起若下山途中也在此驻足休息，分享从烽火台上看到的美景，感觉一定棒极了。吃完午餐，扑灭篝火，我们继续前进。可是，地形突然变了，前几次远足也是沿着这条道，但现在不一样了。好几处地方我们不得不紧贴岩壁，侧着身子小心翼翼地往前挪，以防失足摔进深坑。每走四分之一英里，都会看到一个新形成的大坑。夏季暴雨从山上倾泻而下，冲垮了部分道路，形成大坑。这些坑壁像悬崖般陡峭，深度从几英尺到二十英尺都有。

后来我们碰到一道大裂沟，非常深，我们不得不改变路线。这次迂回把我们带到了山的另一面，烽火台从视线中消失了。我们再三商议方向是否仍然正确，每次讨论后三个人都一致认为还在原定路线上。虽然绕了道，但时间并未因此而浪费，对此我们也很高兴。

终于，前方豁然开朗，我们以为要抵达目标了，准备欢庆胜利。不过，狂欢转瞬即逝，我们很快发现，之前避开裂沟的迂回把我们带到了完全不同的地方。我们现在距离目标山峰还有相当一段距离。我们看了看时间，商量是否继续向目标进发。这时，若有人提出立即返程是个好主意，其他人会缄默不语。烽火台在头顶上方召唤着我们呢！虽然我们知道它其实离得很远，但看起来却又那么的近。于是，我们一鼓作气，继续朝烽火台进发。

最后五百码最为艰难。我们得抓住小树的枝干，把自己从斜坡上拽上去。脚在泥泞里很难使上劲，我们把手中的登山杖像冰镐一样插进泥里，防止从斜坡上滑下来。努力的时间显得特别漫长，好几小时以后，我们才爬到了烽火台底下，此时已是上气不接下气，筋疲力尽了。但我们终于抵达了！从烽火台举目望去，景色确实令人惊叹。我们在废弃的烽火台上待了足足有半个小时，从不同的方向往外看，尽情观赏大烟山的美景，以绵延起伏的群山为背景，一张接一张拍了好些照片。

下午快两点半，我们返程下山。时间宽裕，足够我们赶在太阳落山前回到木屋。气温与几小时前相比，明显降了许多，所幸我们是徒步，活动身体还能保暖。这座山属于一个木材公司，山顶的部分已经砍伐干净，因此，我们很容易就发现了一条下山的路。可走进树林后，我们感觉这条路不太对劲。于是，好几次又走回光秃秃的山头，重新调整下山方向。就这样来来回回，不断寻找着正确的路线。

找路花了大半个小时，因此我们匆忙地行进，想要弥补浪费的时间。下山没上山那么费力，速度也快许多。我们确实走到了早些时候吃午餐的地方，大家都赞同风景比之前想象的要美得多。然后我们又继续向山下走去。气温仍在下降，我看到太阳快接近“地平线”了。这里之所以加上引号，是因为尽管太阳还得约莫一小时后才下山，但由于我们处于山阴面，周围群山环绕，视觉上形成了一道假地平线。地方新闻台播报的日落是一个时间点，而此刻在我们眼前没入山后的太阳又是另一个时间点。

仿佛片刻之间，就从白天迈进了黑夜。不过五点左右，几英尺之外已经看不清楚了。这本该是一次白天的远足，下午早些时候就应当结束的，因此，我们根本没预料到这样的黑暗，仿若身处洞穴之中。我们没带手电，身上薄薄的衣服，却要抵御着越来越重的寒意。三人在黑暗中探着路，慢慢地向前走着。当我们都认为偏离了原先道路时，向右转了个大弯。立刻，我们察觉到前面是带刺的灌木丛，形成了一道密集的植物“墙”，要用力才能穿过去。我们的手上、脸上都被划出了一道道小口子。

行进中我们不停地呼喊彼此的名字，努力让大家别走散。天非常黑，尽管互相的距离都在咫尺之内，却也看不清彼此。突然，我脑海中闪过一样东西——大坑。在一片漆黑之中，就算我们找到路，也极有可能摔进裂沟，不死也会重伤。“我们得停下来。”我说道。

“你说什么？停下来？”桂儿问道，她冷得牙齿咯咯打战。“我快冻僵了。我们得马上回家！”

我提醒她路上豁着大口的深坑，说道：“我们会掉进坑里受伤的。”瞬间，绝望劈头盖脸地笼罩过来。

“那我们该怎么办？”莉亚问道，“我冷极了。”

我掏出手机，想拨打911，可是屏幕上闪现出“呼叫失败”的字样。我看着屏幕，发现手机没有信号。

“怎么办呢？”我思忖着。三个人静静地站着，直到手机发出的蓝光湮灭，我们又被黑暗笼住。我按了下手机键，蓝光重新亮起，黑暗中模模糊糊地只能照到两英尺远。我吸了口气，轻声说道：“就待在这里等到早晨。这是唯一安全的办法。”

有一两分钟没人开口说话。我不免担心莉亚会扛不住，就说：“莉亚，妈妈也许会害怕，我要你和妈妈手牵手坐在地上。”

“然后呢？”莉亚问道。

“你只要不停地跟妈妈讲，告诉她说我们会没事。”我回答说。

手机背面有个凸出的小钮，那是用来扣到腰带的手机皮套上的。我用门牙咬紧小钮，让屏幕朝外，然后按下手机键，让暗淡的光线持续亮着。我永远也无法忘记，妻子和八岁的女儿手拉着手坐在冰冷地上那朦胧的蓝色影像，莉亚口中反复说着：“没事的，妈妈。我们会没事的。”

我伏在地上，到处摸索干燥的树叶，终于找到些不太湿的叶子，堆起来后又四处寻找可以生火的木头。手机亮光只够我找到一些小树枝和枯木，我把它们拢到一起，将树枝垒放到先前的叶子上，而莉亚仍旧执行我交代的任务，在一旁不停说着：“我们没事的，妈妈。”她冻得发抖，声音结结巴巴的。我把手伸进口袋，掏出来一个火柴盒，里面的火柴快没了。我冷得头皮发麻，手在发抖。第一根火柴点燃后，落到了地上，灭了。只剩下几根火柴了。我又点燃了第二根，这次没掉。叶子烧起来了，开始冒烟，很快树枝开始噼啪作响。我们终于生起了一堆火。

借着火光，我不断扩大寻找木头的半径。几小时后，我收集来一大捆枝条和树干，松松地堆放在一起。“这些够熬过今晚的了。”我想。我也坐到地上，双臂抱住莉亚。她靠近火堆坐着，身体前面已经烤暖和了，但后背依旧冰冷。

周围只有篝火的噼啪声，还有我们肚子饿得咕咕叫的回响。我问了句：“回到外婆的木屋后，我们吃什么早餐呢？”这个问题转移了大家的注意力，让我们忘却了当前的困境——在温暖木屋里吃早餐。

莉亚不假思索地回答：“肉桂吐司和热乎乎的巧克力。”显然她饿得不行，正想着这两样吃的呢！

“唔，听起来很不错。”桂儿说着，朝我笑了一下，我的心顿时温暖起来。那一夜剩下的时间里，我们一直在谈论着肉桂和热巧克力有多美味。

莉亚躺在地上睡着了，不时发出呜咽声。不久，我发现自己对木头的需求量判断错误，柴禾堆快要烧完了。我又咬着手机，去找更多的木柴。

再次拢起的柴禾堆比原来大，全是粗树枝和木棒。我和桂儿决定轮班，一个人看着火，另一人睡觉。我先看火，桂儿则躺在冰冷的地上，靠着莉亚，可是她根本无法入睡。几小时后，桂儿起来替我，让我去歇一下。我睡得很不踏实，时睡时醒，半小时后清醒，朦朦胧胧地看见桂儿站在火堆旁，摇摇晃晃的，看起来似乎是站着睡着了。此时的桂儿显得那么勇敢，却又如此柔弱。我身旁的地上，躺着我生命中最珍贵的宝贝——莉亚。

最后，太阳终于升起，跃上前一天被我们胜利征服的山峰。历经仿佛阿拉斯加冬季般的漫长黑暗后，光明终于降临了。我们叫醒莉亚，她喃喃地说："我们快回去吃肉桂吐司吧。"我们的确偏离了原先的路，还好偏差不大，不超过五十英尺。

跋涉了几小时才回到家。我们连吃了好几份肉桂吐司和热巧克力，然后倒在壁炉旁的沙发上，互相依偎着沉沉睡去。

我的真实经历分享完了，有几个问题想问大家：

○即使相互抱怨，又能对我们身陷困境有多少改善?

○抱怨饥寒交迫能让我们早些下山吗?

○其中一个人抱怨了，其他人会得到安慰或者更充满希望吗?

自然，问题的答案都是"不会"。抱怨当时的处境，只会让事情更糟糕。

每次提到"不抱怨"和享受"不抱怨的关系"，就有人问我："我不应当排解愤怒吗?发泄不是更有利于健康吗?"

发泄愤怒不会让怒气有所减少。"处理"愤怒才能释放掉"负能量"，你才能从愤怒中走出来。

愤怒是一种"负能量"。将愤怒传递给别人并不能使其消除，相反，对方也会感到恼火，反过来又加重了你的苦恼，情况进一步恶化。因此，抱怨是没法缓解恼火情绪的，只会让怒气蹿升。但是，你可以"处理"棘手状况，这样有助于你找到解决问题的办法。

Venting 释放

多数干衣机都设计有排气孔，一条长长的、粗粗的排气管伸出来，干衣过程中若产生过多热量，就会通过管道安全地排放到外面。如果人类也可以如此排出愤怒和沮丧，把它们释放到空气中，那自然对健康有益。可是，大多数人所谓的“释放”，通常都是向他人抱怨。他们怒气冲冲，大声说着自己如何被误会了，又是如何沮丧。他们以为这么做是在“释放”情绪，其实不然。

人们普遍存在着一种误解，认为抱怨某个人、某件事或某种状况能缓解压力，让自己感觉好一些。人们以为抱怨可以释放我们的愤怒，如同烟从烟囱里升起，一去不返。大多数人所谓的释放，其实都是抱怨。

释放是：

○抱怨。是携带着“负能量”的表述，只看得到眼前的问题而不去寻求解决办法。

○有如下一种或几种需求的人会做的行为：寻求关注、推卸责任、引人艳羡或吹嘘、操纵他人、为欠佳表现找借口。

○把责任归咎于别人。

一些心理学家认为，愤怒的人通过捶枕头或摔东西来排除“负能量”，可以起到疏导作用。喜欢压抑情感的人这么做，有助于表达出被压抑的感受。西格蒙德·弗洛伊德（Sigmund

Freud）就很推崇这种方法。

不过，也有人不予认同。最近全国公共广播电台（National Public Radio）报道了杰弗里·劳尔（Jeffrey Lohr）的故事。劳尔是阿肯色大学心理学专家，他调查了几十年来关于“愤怒疏导”的研究成果。“愤怒疏导”是心理学领域的术语，指通过某种肢体行为表达愤怒，例如大叫、捶枕头、摔碗碟等。劳尔发现，“捶枕头和摔碗碟并不能减少愤怒”。事实上，可能还会造成反作用。

产生情感并表达出来，这是人之常情，对所有人的健康都是有益的。但是冲着别人宣泄愤怒，对愤怒的人来讲，既无益且有害健康；此外，人际关系也会受到损害，因为听他们滔滔不绝地大声抱怨的人，愤怒感也会加深。

当人们试图以抱怨来“释放”情感，把自己的愤怒告知他人时，结果常常是愤怒并未缓解，问题反而变得更顽固、更持久。倾听者听完抱怨后，常常为了附和抱怨者的意思，加上自己的评论，这些评论也会增加抱怨者的愤怒。倾听者以为，他们表示赞同并提出一些支持的意见，是在“声援”抱怨者，但这样做无异于扬汤止沸。会形成“不满↔抱怨”的恶性循环。

《心理学发展杂志》做过一项调研，研究人员调查了813名学生，他们均来自中西部地区，从三年级到九年级都有，研究周期长达六个月。调研中，研究人员询问学生们，最要好的朋友是谁，最常讨论的话题是什么。结果显示，向朋友过多地诉说问题（释放）的女生，呈现焦虑或情绪低落症状的可能性比较大；而这些负面情绪转而导致她们倾诉更多的消极问题。

思考一下，倘若人们真能够通过“释放”消除负面情绪，那么，最爱抱怨的人岂非最快乐？想想你认识的经常抱怨的人，他看起来快乐吗？

不久前，我们组织了第一届年度“不抱怨航行”。参加者从佛罗里达州的劳德代尔港（Fort Lauderdale）起航，搭乘一艘豪华游轮，前往牙买加的奥乔里奥斯（Ocho Rios, Jamaica），中途经过基韦斯特（Key West）、开曼群岛（Grand Cayman Islands）。我们的成员来自美国和加拿大，活动七天里，我们将尽情享受欢乐、阳光、大海、佳肴、舞蹈和旅行，并参加关于“不抱怨生活”的研讨会。一流的服务，可口的食物，相聚的美好时光，一切都是那么惬意。可是有对夫妇似乎没能享受到这份快乐，他们住在我们一位成员的隔壁。就在这有如天堂般的美妙中，这对夫妇争吵开来，并逐渐升级至扭打。他们冲对方大叫大嚷，说着难听的话，充满了火药味。吵了很长时间，他们的怒火终于退了（或者，两人是精疲力竭了），停止了扭打，房间内安静了下来。

倘若向他人抱怨就能消除愤怒，那这对夫妇一定会幸福地度过余下的航行时光。从那些大喊大叫来看，他们确确实实“释放了情感”。家庭暴力领域的社会学家默里·斯特劳斯（Murray Straus）发现，夫妻相互大嚷大叫，不会让怒火消退，只会更加生气。第二天晚上，那对夫妇又开始了争吵、扭打，直到游轮工作人员插手，他们才不得不停止。

喊叫不会减少愤怒，它只会让你更愤怒。抱怨不会改善现状，只会让问题更持久，还会让你陷入“不满↔抱怨”的怪圈。你抱怨，不是为了帮助自己，也不是希望关系更融洽，而是想要以这种方式满足自己的某种人际需求，比如我们用G.R.I.P.E.（抱怨）概括的那些需求。满足个人需求本无可厚非，但若试图以抱怨来实现，对人际关系会造成破坏性的影响。抱怨会造成其他人情绪低落，营造出对人不利的环境氛围。

“释放”常常涉及攻讦不在现场的他人，是一种挑衅行为，而且容易上瘾。这就说明了夫妻吵完、打完后很可能还会再次争吵或厮打，好像游轮上那对大打出手的夫妇。里克·劳厄特（Rick Nauert）博士在网站“心理中心”发表文章写道：人脑对待挑衅的方式与对待毒品和酒精相同。他还引用了特殊教育和儿科教授克雷格·肯尼迪（Craig Kennedy）的话：“我们发现，人类对挑衅事件做出反应时，大脑中的‘奖赏通路’（生化术语，指人脑中的一种神经通路）就会被激活，大脑会产生多巴胺。”

吸毒者吸毒、嗜酒者饮酒时，大脑都会释放出多巴胺。当人们愤怒或挑衅行事时，也会生成多巴胺，他们就像吸毒者或嗜酒者一样，感到兴奋，继而会渴求更多的挑衅行为的刺激。

科学家用一对老鼠做了个实验。两只老鼠一公一母，放在同一个笼子里。他们的笼子旁边还有一只笼子，里面是五只老鼠“侵略者”。科学家先暂时把母鼠移到别处，然后在母鼠待的地方放进一只“侵略鼠”。公鼠立刻做出反应，摆出攻击的状态，如尾巴沙沙作响、侧面攻击的姿势、爪子蜷紧、撕咬东西等。

随后，科学家开始训练笼子里的公鼠，它想要入侵的老鼠离开，就得用鼻子戳某个目标。公鼠一戳目标，科学家就放进一只入侵鼠，此时，公鼠就会表现出攻击的神态。科学家每天把目标放到公鼠面前一次，每次公鼠都会戳目标，表示要入侵鼠即刻滚蛋。作者说，公鼠认为与入侵鼠的挑衅对峙是一种奖赏。

因而，“释放”不仅不能消减愤怒，对问题也没什么改善；相反，“释放”会触发内心深处某种东西，使我们把冲突视为某种奖赏，为了得到奖赏，我们会重复同样的行为——因为挑衅让我们兴奋。

Processing处理

处理：持续性发展，涉及许多改变，这些改变通常是按步骤进行的。

如果你与某人之间发生争议，只有直接找对方谈，事情才能真正解决。不过，假如争议对你而言实在棘手，不妨找别的人先处理一番，这样会有所帮助。就像前文中的定义所述，“处理”涉及改变——这一点十分重要：改变的是你，而不是与你发生问题的人，也不是和你处理问题的人。

“处理”是分析事情；当你对某件事情不清楚时，“处理”可使其明朗化。“处理”要求查验事实时保持冷静，确保对某个人、某件事的看法未掺杂情绪。“处理”不是为了证实个人所处情境而发出的抱怨。虽然任何一种关系中，你只占其中的百分之五十；但对关系的改善，你负有百分之百的责任。“处理”确保你仍然拥有关系，可以看清楚你能做哪些选择。

可是，如何分辨什么时候是“释放”抱怨，什么时候是“处理”问题呢？答案很简单，看你的情绪。你感到冲动了吗？你希望有人赞同你的观点，认同是其他人犯了错吗？你企图让别人显得行事不当吗？你感到生气或被冒犯了吗？你准备好要争吵了吗？你希望与你谈话的人加入自己的阵营，联合一致去反对第三者吗？上述任何一个问题的答案若为“是”，你就是在“释放”抱怨，而不是“处理”问题。

找到最佳的方法，赶走抱怨

Complaint Free 不抱怨

About me; not someone else我的事，不是别人的事

Neutral story told to a neutral party 向不偏不倚的人讲述不偏不倚的事实

Complaint Free 不抱怨

你与某人对话时，虽然是想“处理”问题，但你诉苦了，那你就是在“释放”，而非“处理”。谨记，抱怨是一种带有能量的陈述，其焦点集中在眼前的问题身上，而不是探求问题的解决办法。

掌握处理问题的技巧，很大程度上要求对自我坦诚。一旦你说出的话与前面列举的五大理由G.R.I.P.E.扯上关系，那说明你抱怨了，也就是说你在“释放”。你不能抱怨自己的改变之路，你自己必须转变，才能改善关系。只因你是关系的一部分，所以关系才存在；改变你，改变关系。

About me 我的事

在家庭动力心理学领域，辅导者时常用一个运动的物体，演示一个人的改变是如何影响周遭关系的。那是一种悬挂的雕像，可根据自身不同部分的重量，巧妙地保持平衡。拿起雕像的一个部分，重量发生改变，它的各个部分就随之相应地运动起来。关系也是如此，无论是男女关系、家庭关系，还是工作关系——其中一个人改变了，整个关系的动力就发生了变化。而你，应当勇于成为那个改变的人。你必须成为愿意改变的人。

“处理”过程中，问题会随之而来，“我要怎样改变才能让关系改变呢？”

乔瑟夫·鲁夫特（Joseph Luft）和哈里·英格拉姆（Harry Ingham）1995年发明了一个认知心理学工具，即广为人知的“乔哈里之窗”（Johari Window，乔哈里是两个人名字的组合）。为易于理解，你可以在脑海中勾勒一扇四格的窗户。第一格是我们自己和别人都看得到的东西。第二格是我们看得到，但别人看不到的——我们隐秘的思想、梦想、恐惧和抱负。第三格涵盖的东西我们自己看不到，但别人能看到。第四格则是我们自己和别人都未曾经历也不了解的部分。

“处理”指试着理解并接受“乔哈里之窗”第三格的内容——别人看得到但我们自己无法看到的东西。当我们与某人“处理”某件事时，是想知道别人是怎么看我们的，是想知道我们在关系中的角色。不知道、不了解就无从改变，而且，内心的自我常常会让我们对自己在关系中的角色视而不见。自我想让我们相信，另一个人是导致问题的全部原因，我们只是无辜受害者。如果我们抱持这种观点，就没法改变，关系也会僵滞不前。

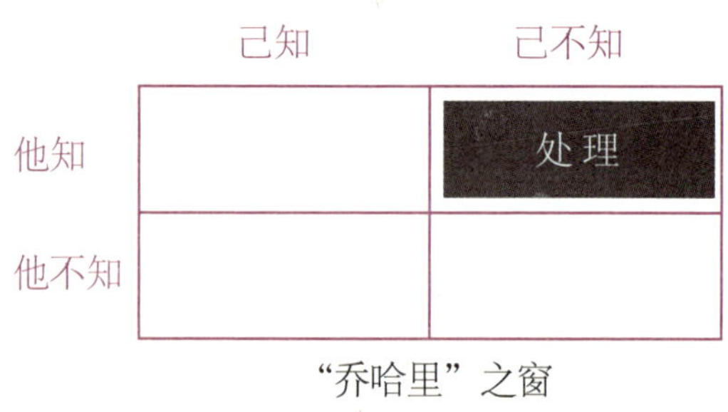

“乔哈里”之窗

当“处理”某件事时，我们要问：“我能做些什么不同的事改善现状吗？”

处理问题的过程中，你会发现自己身上以前没注意到的东西，但重要的是，你别把它们视为缺陷——它们不过是需要更正的行为罢了。“处理”不是将责任推给他人，也不是揽到自己身上。究责会抹杀一切希望，情况不会好转。

跟别人说你的老板是个笨蛋，并指望对方赞同自己的看法，这不仅不是“处理”，还丢掉了你改善工作环境的能力。“他是个笨蛋，会周期性地抓狂；算了，就这样吧。只能忍受了”之类的想法会让你原地踏步，情况一成不变。你就困在那儿了。可是，人永远不应当被困住。打个比方说，如果你抱着“人们从不曾坦诚对我”的想法，就进一步固化了你未被坦诚对待的事实。

把自己的看法告诉他人，说你是如何被别人误解，或是怎样无辜地受到了他人行为的伤害，这会让你形成一种观点，认为自己作为受害者，拥有当前的关系是必然的，是天命。而且告诉别人说你是受害者，增强了你成为受害者的可能。

罗伯特·B.西奥迪尼（Robert B. Cialdini）在其著作《影响力》一书中举了一个案例。实验者先让志愿者看过两条绳子，之后依次询问哪条更长一些。实验者要求其中一组在心里想好答案，但不告诉任何人；对第二组，实验者要求他们把答案写在便笺上，稍后可以擦掉，也不需要给别人看；第三组志愿者则需要写下答案，并告诉实验者。

接下来，所有志愿参与实验的人都被告知，答案错了，他们所选的绳子不是较长的。然后，实验者给他们一个机会，更改之前的答案。结果，把答案告诉实验者的那组志愿者最不愿意承认自己错了。他们坚持自己的看法，即使已被告知答案不对，仍然坚持自己选择的是两条绳之中较长的那条。

你告诉别人，说自己或与自己有关系的某人存在缺点时，就等于宣告了这段关系会失败，因为关系建立的基础，据你所言，有了缺陷。

关系犹如蛋糕。假如烤制过程中，有一种原料变质了，最后烤出来的蛋糕一定不好吃。因此，如果你声称，自己或关系中的另一人没有改善的希望，你就会寻找各种论据，证明自己的结论是正确的；而在寻找论据的过程中，你会发现，自己的结论一次又一次得到了验证。

我曾在两个西雅图的朋友身上看到这种力量的展示。我们去了一家高级餐厅吃午餐，在座位上坐等了十多分钟，可是服务生仿佛没有看到我们。他径直从我们旁边走过，好几次了，连“欢迎光临”的招呼都没打，也没有过来给我们点餐。

碰到这种情形，你会怎么办？你也许在心中暗想：“这个笨蛋怎么了？难道没看见我们在这儿等着吗？”“他假装看不见我，肯定因为我是黑人（或者白人、个矮、个高、瘦、胖、谢顶、头发多等）。”“服务生如此无礼，这儿的食物恐怕也糟糕得很。”

可是，我的朋友却没有因服务生的行为而恼火，相反，他们主动走上前去，跟服务生说明情况。当时那个服务生正往电脑里输入另一桌客人的菜单。朋友告诉他，我们准备点餐，希望他能尽快过去，并表示感谢。他没有给这个服务生打上“水准低下”的标记，然后再处处找机会诋毁服务生；而是尊重地对待他，感谢他的服务。

之后，服务生来到我们桌边后，态度依然不甚友好。我想并非朋友把他叫过来的缘故，他那天心情的确很坏。于是，当服务生转回去给我们取饮料时，朋友决定给自己布置一个挑战任务：把服务生逗笑。接下来的一段时间，服务生来我们桌越来越频繁，每次到桌边，朋友都热情地冲他微笑，感谢他，还适时地赞扬他。很快，我们就看到了一个笑容满溢、友好的服务生，为我们提供了体贴、周到的服务。

你可以成为关系中做出改变的一方，可是指责却否定了你这种能力。我认识两个女人，过去都曾因男人变心而心灰意冷，很令人同情。其中一个女人从此认为自己是个天生的受害者，她总是发现自己陷于令人失望、不忠诚的关系中；可是另一个女人走出了阴影，她制定了一个标准，作为衡量未来爱情生活中可接受的行为尺度。

发现另一半对自己不忠之后，第一个女人向所有朋友哭诉自己的不幸。听她倾诉的人都很同情她，她得到了别人的关注。讲述自己的不幸遭遇后，她发现身边聚拢了一批也曾被男人欺骗的女性，这更加深了她的感觉，认定自己就是会被背叛的人，并逐渐形成一种看法：男人都会变心。她目前和一名男子在交往。虽然她觉得这个男人迄今为止很忠诚，但她告诉我说：“天底下不会有一心一意的男人，出轨是早晚的事。”

另一个女人下定决心只与一心一意的男人交往，为了确保另一半忠贞不贰，她还思忖日后的爱情自己要付出些什么。她现在已结婚近二十年，和丈夫彼此间都很忠诚。

第二个女人的做法是：把自己最美好的一面都展现在丈夫面前，减少他拈花惹草的想法。她坚持锻炼，以保持身段和魅力。她衣着入时，打理得光鲜靓丽，以保持对丈夫的吸引力。即使与丈夫发生矛盾，她也不抱怨，而是与其深入地沟通（《男士健康》杂志曾调查过，男人变心常常是由于夫妻关系中充斥着抱怨）。她把夫妻最亲密的性爱关系放在很重要的位置，确保两人保持愉悦频繁的性爱。她经常与丈夫谈心，确保丈夫满意自己。如果丈夫反馈说两人的爱情生活应当如何改善一下时，她不会恼怒或反对，而是用心倾听。而且，她还会主动与丈夫沟通生理上的需求。

最关键的是，她内心清楚，曾经背叛自己的那个人并不能代表所有男人，他只是一个犯错的男人。这个女人明确地告诉丈夫，一心一意是唯一的选择。他们刚开始在一起时，曾经彼此坦白过以前的爱情史，她跟丈夫提及从前男朋友的不忠。

“你是怎么处理的？”他问。

“我甩了他，从此不再跟他有任何联系。”她说。

“假使我出轨，你还会爱我吗？”他又问。

“我当然还会爱你，”她回答说，“而且我还会想念你，因为你就此离开了。”

丈夫读懂了她的言外之意：你出轨的话，就必须离开。她不会威胁她，也不会说“再给你最后一次机会”。只要迈出那步，彼此关系立刻结束。不管他们是否有孩子，也不管他们的财产多难分割，只要丈夫与别的女人发生关系，两个人就彻底完了。这个女人选择了忠贞不贰的夫妻关系，而且担起责任来，尽一切能力维护这种关系。

在各种关系中，其实你有多种选择，只是你之前没发现而已；而和另一个人“处理”关系，会让你获得更多新的办法。“处理”让你审视自己的“乔哈里之窗”，看自己的行为能对解决问题有哪些帮助。

如果你希望从“处理”过程中得到反馈，就必须敞开心扉，倾听那些与自己有关的事。这部分之所以归为“乔哈里之窗”的第三格，是因为它们是你身上的东西，但你看不到。其实，看不到常常是由于你自身不想看到。它们看起来很大、很吓人，你刻意避开它们，或对其视而不见。听说这些东西居然存在，你会觉得危险。“关系中出现这么多问题，都怪你。”这样的话不会有人喜欢听。

所以，如果你接收到此类信息，请你深吸一口气。要知道，你内心的自我一定——不是可能——会抗议，它会说，和你一起“处理”问题的那个人是个疯子、不怀好意、为人刻薄。这很正常，深呼吸，不用理睬。

听了和你一起“处理”的同伴的话，如果你马上反应说：“你说什么，我做错了？问题在我？你怎么敢这么说？”那对方可能不再会帮你“处理”问题了。如果你的反应带着消极的负能量，还有些挑衅的意味，那对方很可能就后退一步，收回意见，或是说些不痛不痒的话，根本帮不了你什么忙。你如此的反应，对方会认为，你是来寻求声援，而不是改善的，你就失去了通过“处理”重塑自我、改善关系的绝好机会。

Neutral 不偏不倚

“处理”是陈述事实——至少是你那个版本的事实，它是原原本本地说出：发生的事情，事情发生的时间和地点。至于发生的原因，则很少会是不偏不倚的，因为在探求一件事为什么会发生时，我们会杜撰关于别人动机的故事。所以，试图解释事情发生的原因会导致追究责任。

“处理”仅限于事实陈述，不包括揣测他人的动机，也不包括凸显他人的缺点。“处理”好比新闻报道，只是把发生了什么叙述清楚，不夹杂个人的评论或分析。当我们和某人一起“处理”问题时，应当尽可能客观地告知对方发生的事情。

打个比方，你或许会跟别人描述一下自己的一天：“今天卡尔走进办公室告诉大家，公司要裁掉一些人。我得说我很担心。”陈述事实是这样的：卡尔走进办公室，卡尔通知可能裁员，说话者表示很关心。这是“处理”。

而抱怨则会这么讲：“卡尔是个卑鄙小人！我想他一定以吓唬我们为乐。今天他趾高气扬地走进办公室，告诉大家说要开掉一些人。这种事至少得让我们有所准备吧，可是他没有，浑蛋卡尔！他谁也不在乎，只关心自己。他的饭碗自然稳得很啦——他是老板面前的大红人，可我们其他人呢？哼，谁会在乎我们呢，是吧？我们不过是小棋子而已。我大概是第一个走人的，卡尔一定乐到不行吧！”

这类措辞很难说是不偏不倚。虽然说了事实，但其中交织着对卡尔动机的描述，以及对他品格的攻讦。这样描述是为了满足G.R.I.P.E.（抱怨）概括的一种或几种需求。

当然，并不是说，和某人一起“处理”问题时必须忽略个人的情感。事实上，“处理”最重要的部分就是坦承真实感受。英国著名作家、政治家本杰明·狄斯累利（Benjamin Disraeli）曾说过：“永远不要为真情流露而道歉……如此做，等于是为真相道歉。”事情发生后，如果感到难过，就承认悲伤；如果觉得生气，就表明气愤；如果恐惧，坦然承认害怕也没什么不当。你不妨这么说：

“我难过。”

“我生气。”

“我害怕。”

说出你的情感并予以承认，把情感从阴暗处解放出来，去到光明的所在，这样，它们才能逐渐消散。很多人以为大吼大叫是表达情感，如果你需要那样，就可能属于捶枕头或在林间大喊的人群，可以从类似行为中获得帮助。不过，当你和别人说话时，愤怒的语调并不能缓解气恼的情绪。

阿隆·沃夫·西格曼等人在研究报告《愤怒的语调：对情绪气愤及心血管反应带来的影响》中详细记录了他们做的实验，针对不同情形下语调的影响作用所做的研究。实验要求男女受试者分别用三种语调，述说引起愤怒的事或者中性的事件：（1）正常的语调，（2）语速快、声音高的语调，（3）缓慢而温和的语调。

受试者叙述让自己心烦意乱的事时，男女受试者的报告都显示，如果用比平常更大声、更快速的语调述说，他们的情绪明显更为气恼，血压显著升高，心跳也明显加快了；若用比平常缓慢、温和的语调述说，情绪则明显的没那么暴躁，血压也并未上升。

“处理”是中立的，不偏不倚的，是以一种不偏不倚的方式展现事实。

和你一起“处理”问题的人也必须是不偏不倚的。如果是你和老板之间的问题，那你所在部门的任何一个人都难做到不偏不倚；如果你与家里某个人发生摩擦，其他家庭成员往往不是“处理”的好同伴。和你一起“处理”的人必须用心倾听，然后有所反馈，不能掺进个人情感因素。

适合一起“处理”问题的同伴应当是：

○你绝对信任的人

○与问题无关的中立者

○能够置身矛盾之外

○能够倾听并提出反馈意见

○真的有心帮你

○愿意告诉你原原本本的事实

○你也愿意从他那儿听取原原本本的事实

由于我是一名牧师，因此人们常常跑来找我做心灵辅导。这些人需要一个中立可靠的人，可以让他们提出问题，与他讨论个人的情绪，助自己改变以达成愿景。优秀的心理咨询师会提供一个处所，作为治疗之用，患者可以在那里商榷处理问题。不过，你并不是一定要对着牧师或者心理咨询师倾诉。你只须找一个朋友或家庭成员，他们没有以下的情况即可：

○牵涉在问题之中

○爱看纷争的好戏

○对号入座，认为你讲的是他

○告诉别人你倾诉的内容

○与你有嫌隙，可能会利用你倾诉的事情攻击你，以巩固自己的位置相信和你一起“处理”的同伴，其行为背后的意图是良善的，这一点非常重要。他的意图可能藏得很深，让人摸不着头脑；可能是他未能完全意识到的；也可能为了满足某种你无法理解的人际需求。但要点是，你必须假定他的行为的意图是良善的，不然，你就会把他想象成妖魔，把自己想成无助的受害者。而“处理”的目的是为了记住一个事实：你不是受害者。

在《愤怒：被误读的情感》一书中，作者卡萝尔·塔佛瑞斯（Carol Tavris）提到一项调查，实验者招募了一批三年级的孩子协助测试。实验者给出了三种方式，当孩子们由于同伴的行为而感到沮丧、恼火时，可选择其中一种方式处理怒气。一些孩子选择向成年实验者讲述，还有一些孩子靠玩具枪来“疏导放松”，另外一些孩子则由成年人给出一个合理的解释，说明小伙伴做出令人恼火举动的原因。

你觉得哪一种能最有效地降低孩子的愤怒？不是向别人诉说，也不是玩玩具枪——玩枪反而让孩子更怀有敌意、更易争斗。成功消除孩子怒火的方法，是让他了解小伙伴为什么会那么做（例如“她困了”“她当时很生气”“她不舒服”之类的）。了解了小伙伴行为背后的原因，小孩子最可能忘掉不快。不是让被冒犯的孩子主观臆测，而是如实告诉他小伙伴为何有不堪的行为，结果，被冒犯的孩子情绪平缓了下来。

一个人让你恼火，背后一定有他的原因。“他的行为是出于善意。”——肯这么想，你会觉得好受些，被冒犯的情绪也会得到缓解，而且，这可以让你敞开胸怀，思考如何寻找办法，解决问题。

与中立的第三方“处理”，从矛盾中撇清情绪，事情不会发展为绝望的窘境，只会变成一道待解的谜题。

记住，“处理”隐含着一个问题，即“我该如何做，才能改变关系的现状？”一旦找到答案，你将发现自己不再一筹莫展；找到答案给予了你能量，推动你去不断前进，探索解决办法。

确定了最好的行动计划后，你就必须即刻践行。亚里士多德曾说过：“人们经常以某种特定方式行事，就会形成某种特定的品质……常做正义之举，性格就变得正义；经常举止温和，人就变得温和；常做勇敢之事，就变得勇敢无惧。”当你做事像拥有完美关系的人一样时，你就脱胎换骨了，并因此改变了关系的“动力平衡”和“发展路线”。

·不·抱·怨·观·念·

■发泄愤怒不会让怒气有所减少。“处理”愤怒才能释放掉“负能量”。

■倾听者以为，他们表示赞同并提出一些支持的意见，是在“声援”抱怨者，但是，他们所做的事无异于扬汤止沸。

■“释放”不仅不能消减愤怒，对问题也没什么改善；相反，“释放”会触发内心深处某种东西，使我们把冲突视为某种奖赏，为了得到奖赏，我们会重复同样的行为——因为挑衅让我们兴奋。

■你不能抱怨自己的改变之路，你自己必须转变，才能改善关系。只因你是关系的一部分，所以关系才存在；改变你，改变关系。

■追究责任会抹杀一切希望，情况不会好转。究责就是认定了眼下的情形没有办法解决。

■相信和你一起“处理”的同伴，其行为背后的意图是良善的，这一点非常重要。

■确定了最好的行动计划后，你就必须即刻践行。

·不·抱·怨·行·动·

■任何关系中，你只是百分之五十，但是，你有百分之百的选择权，决定自己在关系中是什么样的人。你在关系中经常碰到什么难题？关系中有没有面临类似难题的人，他们是怎么做的呢？你该如何调整，事情才会改善？

■下一次你向别人描述给你造成压力的事件时，别大声说话，语速飞快，尝试用低缓的声调。记下尝试后的感受。

■想满足需求之前，先想一下谁适合作为“处理”的同伴，请他帮你分析眼下的难题。告诉他们本章中提到的“处理”的基本原则，说明你需要的不是赞同或确认，而是希望他们提出反馈意见，帮助自己改善和提升。

■“处理”前，写下关系中你想改善的那些方面，然后告诉“处理”的同伴，请他们对此提出进一步的见解。

Part 6

与自己和解

- “关系”存在的目的
- 人的痛苦多半是自找的
- 疗愈与自己的关系
- 你如何描述自己
- 切勿混淆癖好与缺点
- 忘掉伤痛，重新上路
- 采取宽恕的态度，秉持良善的意向
- 如何做到不抱怨

既然必须花许多时间处理自己的事情，不妨从关系中找些满足。

——诺曼·文森特·皮尔

“关系”存在的目的

“我为什么存在？”

千百年来，人类一直在探索这个问题的答案。纵观历史，纵览全球，这个问题被无数次提出来、被不断思索过、被做出过种种假设。

在我回答这个问题之前，让我们先仔细思索一番。人类孜孜以求探索存在，但都无一例外地认定一个前提——人类的存在，确确实实有一个理由，这已经融入人类的基因，但是，这个理由究竟是什么呢？

我的回答很简单：人类存在是为了快乐，为了成长。

快乐，所以存在。生活充满了美妙经历，惊叹着我们每一个感官。有那么多讨人喜欢的事物，让我们去闻、看、听、摸、尝：闻着巧克力蛋糕的烘焙香味，尝着刚从烤箱里取出来还热乎的蛋糕，听着孩子们音乐般动听的笑声，看着夏日雨后壮观的彩虹，爱抚着心爱宠物的美好触觉。快乐的事情处处可见。我们也许能用一大堆词语把它们加以分类，如愉快的、振奋人心的、可口的、心满意足的、刺激的等，这些事物能带给人们快乐。如果我们不存在于这个世界，就无法体验这些快乐。我们的肉体不仅用于承载灵魂，也是体验快乐的平台。

我认为，生活快乐的一面是为了让人们继续人生这个游戏，如此一来，人们才能投身于生命存在的基础意义，那就是成长。美好的事物、快乐的感觉、各种感官体验，都是让人们想要继续生活下去，这样，人们才能成长。成长源于面对挑战，源于适应生活的结果。健身运动者知道，若要练成一身肌肉，必须坚持举重，一直到肌肉坚持不了为止；只有当肌肉运动到了极限，才能练出强健的体魄。

心灵的成长也是如此，即不断挑战自我，直到濒临失败。虽然成长源于挑战，但历练之中不乏快乐非常重要。如果人生只有挑战，体味不到活着的美好愉悦，许多人恐怕早就放弃了人生这个游戏。简而言之，假使人生没有快乐，全都是成长的难题，谁还想活着呢?

麦当劳创办人雷·克洛克（Ray Kroc）在描述成长的本质时，曾这样说道："如果你还青涩，说明你仍在成长；一旦你成熟了，那离腐烂也就不远了。"人生就是成长。我们的身体自受孕时起就开始发育。虽然身高有极限，但只要活着，人体就会不断生成新的细胞；而且，情感和精神层面也不断成长，这一点更有意义。人的一生会历经磨难，正是从这些经历中，我们学到了新的技能，未来遭遇相似情形就能克服。这就是成长。

成长并非易事，所以，人生安排了快乐，伴随我们克服一个又一个挑战。成长有可能是难受的，它如同驶入未知海域，因此让人心生畏惧。小说家亨利·米勒（Henry Miller）这样写道："一切成长均是冒险，如在黑暗中跳跃，是自发的未经策划的行为，没有经验可以用得上。"

有人说生活就像一所学校。不同之处在于，学校里是学完功课然后测试；但生活（关系）中，是先经过考验，再学到教训。生活总是给了我们教训。首先，我们要经历考验，之后，只要愿意，我们就能吸取教训，再也不用经历同样的考验。因为我们成长了，具备了应对的能力。

这些经历并非只是艰难的挑战，它们常常携带着礼物。许多人不仅自己生活称心如意，还激励、帮助别人，他们能这样是因为接受了（而非不管不顾）人生的挑战。许多人今天拥有令人满意的高品质关系，过去他们拥有的可是极具挑战、颇成问题的关系。他们成长了，而且由于成长对事物有了新看法。

人际关系是个人成长的实验室。关系会唤起未愈的创伤，然后给予我们动力，提供适时良机，让我们顺利治愈它们。问题只要暴露出来，我们就能搞定，如此来看，眼前的问题是可以得到解决的。但是，只要生命存续，问题就会不断暴露，我们就得不断解决，不会有结束的时候。成长没有"一劳永逸"的说法。作家格特鲁德·斯泰因（Gertrude Stein）曾说过："根本没有所谓的尽头。"当我们察觉到自己的问题，从问题中得到成长时，能体味到解决问题带来的满足感。不过，只要生命仍然存续，人生会不断地给予我们教训。任何关系都提供成长的机遇。

成长永不停止。有些人步入老年后看起来依然十分年轻，他们是不断接受改变和成长的人。人际关系是个人成长的催化剂，也是证明个人成长的平台。

本书开篇我就说过，关系不是可有可无，而是一种必须。我们存在是为了成长，而他人恰好给我们提供了挑战，反馈了信息，树立了榜样，还是鼓舞我们成长的动力。

有个专门的词，常被人用来打趣地指代爱情关系，就是“知己”（soul-mate）。部分人持有一种观点，认为人人都有知己，且只有一个知己。互为知己的两个人在某种意义上彼此互补，如同独一无二的锁头与钥匙，放在一起才能发挥作用。

人生就是寻找、发现唯一的真爱，及与之相处。找到唯一的知己后，人生的使命就完成了，余下的时间都将沉浸在温暖和喜悦中，享受着恬适宁静的关系。这种想法可以制成一大批卖座的迪斯尼电影，可是，灰姑娘和白马王子骑着骏马离开后，又会发生什么呢？这类电影或电视节目可就鲜少提及了。

那么，究竟发生了什么事？琐碎的生活开始了呗。矛盾出现了，问题露头了，个人习性逐渐显现，还被错误地划归为缺点。简言之，天下大乱了。这些事情发生时，两个“知己”困惑了。

“天堂怎么也有烦恼？”他们很疑惑。“我们怎么会闹矛盾？我们可是知己啊！”两个人琢磨开来，想要弄明白自己是不是搞错了。“或许，我们找错了对象。也许知己另有其人。”想到这里，他们开始找寻论据，证明两个人在心灵上并不能完美契合。不久，他们的感情逐渐疏远，最终可能就导致身体上的关系也分离了。

寻找生命中唯一知己的一对常常只想要快乐，不想要成长。抱歉，灰姑娘、白马王子，事情是没法那样的，关系关乎成长。

关系中有快乐。与他人分享梦想，诉说愿望；别人给予自己鼓励，欢声笑语，彼此欣赏，审视对方的美；享受一起活动，共同创造新事物的激动；携手征服挑战的满足，等待有人探索的冒险；还有亲密关系中的性爱。所有这些，我都划归为快乐。事实上，喜剧演员伍迪·艾伦（Woody Allen）就诙谐地描述过性爱：“那是我最快乐的事情，虽然没有人声笑出来。”

关系带给我们快乐，同样也带给我们成长。成长来自于征服挑战。学会向别人有效地传达需求，是种挑战；体谅别人的情绪，是种挑战；别人需要独立自主时不认为会威胁到自己，是种挑战；接受别人不同的行事方式，视其同样合情合理，也是种挑战。一切必须处理的事情，关系都会将其触发出来。而这正是关系要做的。

“知己”这种说法可能欠妥当，它暗指每个人都不完整，必须由另一个人（自然也是不完整的人）加入其中，两人方才完整。然而，成功关系中的双方，无论置身关系中抑或其外，两人自身都是完整的。即便没有另一个人，完整的人不会觉得生命中缺了什么。他们不会依据关系来界定自己。他们清楚地知道，自己需要关系，但绝不会因此走向极端，认为自己要与另一个人互补才会完整。两个一半的人成不了一个整体——两个一半的人只会把关系搞得一团糟。

我说不认同“知己”的说法了吗？绝对没有。事实上，我相信你有六十亿知已。

世界上每个人都是你的知已。如果说知已是完善你的人，是你在心灵深处与之联系的人，那么，即使是萍水相逢的人，也与你有关系，给予你完善的机会。因为，只要你愿意接受，遇见的每个人都带有可以让你变得完整的东西。与别人互动，会引出你需要疗愈的东西。

人的痛苦多半是自我的

别看了我们之前所述内容就主观臆测，认为自己必须维持无益的关系。考虑关系的各个决定因素，也许对方不是合适的人选。如果你是老板，聘用的员工不愿意履行工作范围内的职责，你就得解雇他。如果你与某人有亲密关系，而且你非常看重忠贞，一旦这个人背叛你，就必须让他走。

我在前一本书《不抱怨的世界》中，提到过前妻在结婚七年后离我而去的事。当时我几乎崩溃，因为我认同那个荒诞的说法，相信每个人都只有一个知已。我觉得她是我的唯一，失去她，我的余生将无人陪伴，再也感受不到爱。

而且，我十几岁时父母离异，当时我曾发誓，这辈子绝不让婚姻破裂。所以，当前妻说她再也不想维持这段婚姻时，我感到自己是个彻头彻尾的失败者。我打电话给好朋友雷尼，请他帮我处理婚姻破裂的巨大打击。雷尼中肯的建议，重新提振起我的精神，帮助我渡过了难关。他说：“威尔，或许你该停止把婚姻关系的结束当作失败，你可以这么想，它已经到头了，没必要再继续下去了。”

哇，多么神奇的思维转换啊！我并不是失败者，我们的婚姻只是结束了，它没有失败，而是走到头了。

你若认为自己在以前的关系中一败涂地的话，容易把“关系失败者”（你自己）带到日后的关系中，造成不好的影响。就像在菜谱中加入一种变了质的材料，烧出的菜一定难以下咽。过去的关系并不是失败了，只是结束罢了。

不过，如果你在结束了一段关系进入另一段关系后，察觉到出现了同样的问题，这显然说明有些事你尚未意识到，有些问题未能掌控，有些创伤有待疗愈。不过，此刻正是补足功课的最佳时机。“疗愈”的意思是恢复完整性，而关系中的挑战恰巧提供了一个契机，让你回到与生俱来的完整状态。

大家都知道，植物有一种生长特性叫作趋光性。如果你有一株此类植物，就得时不时把它转一转，让不同部位向光，不然，植物容易生长不平衡。背阴照不到亮光的地方会枯萎凋零，必须把那一面转向阳光，植物才会平衡生长。同理，你必须把内心的挑战调向光亮处，只有在光线照耀下显露出来，你才能看到挑战，着手解决问题，并疗愈创伤。关系可以暴露出你身上的某些东西，让你面向光亮看到它们。

任何关系，其实都是四种关系同时发生：

1.你与他人的关系——你灌输给自己的他人的事情，你脑海中浮现的他人的图像，他人吸引你的地方，他人能够满足你的某种需求，以及你发现的他人身上有魅力的东西。

2.他人与你的关系——他们灌输给自己的关于你的一切，他们脑海中浮现的你的图像，你吸引他们的地方，你能满足他们什么需求，以及他们发现的你身上有魅力的东西。别人与你的关系和你与别人的关系，两者之间千差万别。

3.你与你自己的关系——你灌输给自己的个人的事情，你脑海中浮现的个人图像，你认为自己身上有魅力的东西。两个人之间关系的一切特质，不会跳脱每个人与自己的关系的范围而存在和发展。

4.他人与他自己的关系——关系的另一方同样对自己有独特的看法（自我灌输与自己有关的事情），脑海中浮现的自己的图像，欣赏的某些事物，同时面对其他与自己相关事情的挑战。

上述每种关系都以个人视角为基础，是独一无二的。想要改善与某人的关系，你可以做到。因为你具备的能力，可以积极转换这四种关系中的三大关系。

疗愈与自己的关系

畅销书作家彼得·麦克威廉姆斯（Peter McWilliams）曾写道：“一切关系都是与你自己的关系。生命中最重要的关系，直到死亡都会拥有的，无论喜欢与否——是与你自己的关系。”

首要疗愈的关系，是与你自己的关系。有一味“料”在你所有关系中都存在，那就是你自己。若你与自己的关系完好无损，你与他人的关系就会发生连带效应，而他人也会以更正面、更积极的方式与你相处。若你与自己的关系基础坚实，你会发现与别人的关系很容易经营。与其认为别人是你那些未解决矛盾的始作俑者，不如开始转换新角度看问题。此外，再运用我们讨论过的原则，你就能搭建起理解与相互协作之桥。

所有与他人的关系，最终都可归结为你与自己关系的反映。如果跟自己生气，那你也会气恼他人。如果对自己一切都要求完美，那对别人也会是完美主义者。如果你爱自己，待己温和有礼，那你对别人也会和善友爱。

如果你定义自己“没价值”“懒惰”“愚笨”或是“失败”，那你会吸引来同样持这类想法的人。如果身边围绕的人不尊重你，很可能你也不尊重自己。你觉得别人对待你的方式没什么不对，那是因为你也是这么对自己。自珍自爱的人可不会容许自己遭到别人的恶劣对待。

要达成不抱怨的关系，你必须对自己的所有关系担起责任。因此，对你与自己的关系，你负有责任，而且，你还得积极地转变这个关系。接下来我将列出一些小练习，帮助你完成这个过程。

谨记，搞好你与自己的关系是强制性的，没有选择。你可以借助将要讨论的练习完成这项工作，也可以借由关系中实际经历的问题来做。需要一次又一次地不断练习，直到你掌握了诀窍。这样做你不仅能搞好与自己的关系，改善与他人的关系，还能降低生活中种种考验出现的频率和严苛程度。

练习需要准备一个笔记本，几页白纸也可以。七至十天里每天抽出半小时左右，专心完成练习，这样才会有“复利效果”。准备好了吗，送给自己这个“礼物”吧。

“什么？”你也许会想，“我很忙，哪儿抽得出每天三十分钟？而且还是连续十天？”

根据调查，成年人平均每天花在电视上的时间超过三小时，上网冲浪至少两小时。如果你非常重视自己的关系，且买了这本书，希望有所裨益，你就能挤出半小时。担负起责任来，坦诚地面对自我，你确实有时间和精力。那么，现在就抓起笔和纸，开始吧。

你如何描述自己

练习1.自己是什么样的人，你会用哪些词语描写自己？想到以后立刻写出来。

首先，在一页纸的顶端写上“I am（我是）……”，之后就准备思如泉涌吧。脑海中浮现的词语也许让你惊讶不已，但可以了解你是如何看待自己的，这一点非常重要，因为你所抱持的关于自己的想法，会外在反映到你与自己的关系中。不仅要写出你的缺点，同时也应当包括你的优秀特质。一点一点地挖掘，一定可以把它们都列出来。

接着，把纸翻过来，同样在顶端写上“I am（我是）……”

这一次写你希望自己是什么样的。刚才在第一面列出的优秀特质都复制过来，再加上你希望自己拥有的闪光特质。继续写，直到你觉得能想到的所有优点都已列举完毕。然后，把这张纸保存在私密但伸手可及之处。你得保证，每天早上起来和晚上睡前都看一遍，不过只限于背面的内容，即写有“你希望自己成为什么样的人”的那一面。如果想到新的优点，可以再添加上去。看的时候大声地说，以“I am（我是）……”开头，后面跟着描述理想的自己是什么样子，边说边想象自己已经成为口中描绘的那个人。

此外，这是整个练习中的关键所在，每天一开始就寻找证明，论证自己确实具备那些优点。你要努力找证据，证实每一天都喊出的优点中，你至少具备其中一个。

练习2.你自我描述时，说的是什么样的事情？写出生活中重要的经历，以及你认为能够界定自己的故事和事件，尤其是当你觉得与理想中的自己有差距的时刻。

现在，想象你抱着无限的同情心端详着这些描述，从无条件爱你的人的角度审视这些故事。他在描述的情形发生时会如何看待你呢？认为你无可救药，还是认为你只是积极地想要满足个人需求，但又缺乏相应的资源或支持？当以体谅和同情的视角，审视这些故事时，你又该如何改变你的自我描述呢？

现在就用体谅和同情的态度，依次重写一遍自我描述的故事，体会由不适转变为自我欣赏的感觉。当你再想起这些故事时，尝试用更积极、更赞许的方式重新审视。

人生经历那么多事，回想起人生旅程，你一定会想到——尴尬、不快、沮丧、问题多多、压力重重……这些图像限制了你，使你不能欣赏自己。

是时候撤掉这些图像了。想想事情进展顺利的时候吧，把它们写下来。若有记录下快乐或成就时刻的真实照片，拿出来附在笔记本上或挂在你能看到的地方，如此效果更好。让这些成为你想起自己时浮现的图像吧。如果你遇到挑战，闭上眼睛，想想妥善处理类似情形的景象。想象这次同样会是一次成功的经历，并感受那种感觉。

切勿混淆癖好与缺点

无论何时，无论何地，你都是独一无二的。由于太清楚自己内心的恐惧，太了解自己的判断力，在与他人做比较时，你很容易把自己的个性当作缺点。你之所以会这么做，是因为人们总是喜欢把仰慕的人理想化，认为他们不会有令人痛苦的不安全感，不会做出令人讨厌之事。不过，事实并非如此。

凡事都是一体两面，一个人的优势也常有对应的缺陷。如果你外向开朗，可能有时被认为飞扬跋扈；如果你天性腼腆保守，或许有些人会觉得你不够热情；如果你善于逻辑推理，你也许会发现抽象思考有些难；如果你天生是个有眼光的人，看得到人的潜能或事物潜在的问题，也许你过于关注遥远将来，日常生活反而问题频出。

然而，天赋毕竟是天赋。问问看自己，是否愿意放弃天赋，从而减少它造成的负面作用？答案一定是NO。

妻子桂儿和女儿莉亚平时关系很不错。可是前一段时间，两个人开始互相冷言冷语。桂儿说的话，莉亚觉得是对她的人身攻击；而莉亚提出的意见，桂儿认为无足轻重。两人之间产生了误解，于是你来我往、针锋相对，家中气氛明显紧张起来。

最后，我把她俩叫到一起，让她们在厨房工作台旁坐下来。两个人在台子两端找了位子，尽量坐得离对方远一些。我递给她们一人一张纸和一支笔，请她们做个练习。“桂儿，”我说道，“我要你想象莉亚突然死掉了。”桂儿起初还吃惊地看着我，不过惊讶转瞬即逝，变成了反抗。“试试看，”我说，“我知道你们爱着对方，彼此欣赏。不知道为什么，今天这份爱和欣赏遗失了。试一下这个练习，好不好？”桂儿满心不情愿，但还是点了点头。

“那好。”我继续说着，“练习开始，莉亚死了，死得很悲惨，定在明天举行葬礼。我要你为她的葬礼写一份悼词。”桂儿定定地看着我，“把这当作一次最后的告别，告诉大家她所做的一切了不起的事，告诉大家你是多么欣赏她、珍惜她。”

我俩对视了片刻，桂儿默默低下头，开始在纸上书写。莉亚露出胜利的微笑，心想我站在她这一边。

“轮到你了。”我说。

“什么？”莉亚诧异地问道。

“我说轮到你了——同样的练习。妈妈刚刚去世了，你明天得在她的葬礼上致辞。所有让你想念妈妈的事，我要你都写出来。写有桂儿这样的妈妈该是多么骄傲。”

莉亚双手叉在胸前表示反对，桂儿也停止了书写。“我是认真的。”我说道，“我厌倦了听你俩互相挑毛病——快点开始做。”她们互相瞪了一会儿，都开始动笔了。起初，她们似乎写得很吃力，但很快文思泉涌。她们想象自己将在虚构的场景下，为对方的葬礼致辞，一直写了有十分钟，罗列着爱对方的事，欣赏对方的地方。

两个人写好后，我说道：“好了，桂儿，现在葬礼开始。我是主持葬礼的牧师，刚刚感谢了大家能够出席，开场白已经念毕。我宣布由你来致悼词，现在开始吧。”

桂儿开始读悼词，声音轻柔。她不敢看莉亚。听桂儿读着悼词，一串泪珠从莉亚脸颊滑落，又被她飞快地拭去。

桂儿读完了悼词，我说：“多么精彩的生命礼赞。”我停了停，让屋内沉寂片刻，然后说道，“莉亚，到你了。”莉亚看了一眼妈妈，开始读她写的悼词。她说了妈妈许多了不起的事，还有如何为她辛苦操持，种种无条件地付出。桂儿盯着桌子，开始抽噎。莉亚还没读完，她俩就同时脱口而出，大声说着“对不起”，冲过去抱在了一起。

不可否认这个练习有些极端，尽管如此，它深深触动了曾冷战的两人，让她们理解了对方，知道对方是多么地珍视自己。

你自己看得到“乔哈里之窗”的第二格，里面是你看得见但其他人永远看不到的事情，是与你相关的事情。你非常了解自己，但正像老话说的，因熟而失礼。在你看来，自身的优点大打折扣，眼光也只聚焦在自己的缺点上。

练习1.为自己写悼词

至少花半小时列举生活中美好的事情。记录获得的各种成就，做出的种种贡献，无论多么微不足道都记下来。列出你曾给别人带来过欢乐的行为。如果你需要一些帮助才能开始这个练习，找份报纸，看看别人如何描述深爱的人。用这样一些短语开头，如挚爱的丈夫，慈爱的母亲，亲爱的姐妹等。

每次主持生命礼赞（我个人指代葬礼的专用语），我都会让逝者家人分享故事，说一说离开世间的是个什么样的人。不久前，我有幸为一名试图在自家车库造飞机的男子主持生命礼赞。这个人去世时，那架花了他近三十年时间的飞机只完成了三分之二。在他去世前几星期，我们有过一次谈话，想到自己再也没时间完成车库里的工程，他感到很悲伤，觉得自己很失败。

然而，在致悼词时，他的儿子说，父亲把所有闲暇时间都用来陪儿子、陪孙子孙女了，所以才没能造好飞机。“我父亲本可以待在车库专心工作，”他儿子说，“那样他二十年前就能完成自己的愿望。但是，父亲选择了把时间留给我，留给他的孙子孙女。与家人一起观看芭蕾表演、棒球比赛或是一同郊游野餐，他从未有过缺席。他总是关心着别人，感谢他的付出，我们的生活才越来越好。如果他完成了车库里的工程，那会是一架了不起的飞机。那是他人生的一座纪念碑，也是显示他对家人的爱的丰碑。”

严苛地检查你的悼词，删除任何流露出懊悔或消极的细节。这是为一位杰出人士而做的礼赞，而你毫无疑问是一位杰出的人。每天站在镜子前，大声诵读你的悼词。连读三十天。你将惊奇地发现，你与自我的关系发生了奇妙的变化。

练习2.写出所有被你自己当作缺点的东西

是的，你没听错。先在一张纸上写下“My Flaws”（我的缺点）的标题，开始往下列出你身上的各种缺陷。别惊讶，你也许会发现，所有练习当中，这个最容易。你现在注视的是“乔哈里之窗”的第二格，是你自己知道但别人不知道的事情。

现在，想象你在改写电影剧本，或者编辑一部小说。再读一遍你刚才列出的清单，审视那些“缺点”。然后在心里将这些“缺点”赋予故事主人公，看看这些负面特质是不是让人物角色看起来与众不同。

当电影、书籍、电视剧中的人物能跟我们对上号时，我们会觉得它好看。如果角色只有优点，过于完美，我们没法将其与自己联系，就不会喜欢他，认为表演太空洞，性格太单一。你不是也永远不可能成为单一性格的人。你的性格是多面的，而且你觉得是自己身上最具有挑战性的特质，往往让你的个性变得最鲜明。

接着在刚才的纸上，画掉“Flaws”（缺点），换成“Quirks”（个性）。你视为缺点的东西，常潜藏着某种优点。然后挨着~~Flaws~~ Quirks（~~缺点~~，个性）一列，在旁边写出对应的积极特质。比如，你说自己是急性子，祝贺你，你喜欢准时完成工作。如果你易怒，你会发现自己充满热诚。从今往后，停止再把自己颇有争议的性格当作缺点，它们不是缺点，是个性，是特质。

现在你看到了，起初被视为弱点的特质背后，存在着对应的优点，你可以以积极的形式表现这些特质。你之前以为的性格中的种种缺陷，反而会推动你飞速前进。

忘掉伤痛，重新上路

所有人的生活无一例外，都有悲痛的经历。你现在一定希望改变过去做过的某些事，也一定希望他人加诸你之事从未发生。

我们与别人争执，是由于彼此看待事实的角度不同；我们与自己争执，常常是因为我们认为不堪的事情发生了。事情既然发生了，那一定有必然的理由。如果你愿意探索一番，定能从中收获一份礼物。只要我们深入探究、用心寻找，几乎任何经历都能给我们带来成长。

1995年1月21日，塔力克·卡米萨（Tariq Khamisa）年仅二十岁，在圣地亚哥上大学。他课下送比萨外卖挣些零花钱。有一次送外卖，塔力克按照比萨盒上的地址找到地方，敲开了门，屋里却没人承认叫了比萨。看来是个恶作剧，塔力克耸耸肩，麻利地回头往外卖车上走。快走到车旁时，他注意到一群少年向他走过来，一副惹是生非的样子。其中一名叫托尼·希克斯（Tony Hicks）的十四岁少年，非常渴望得到年长男孩们的认可，他言语极尽挑衅。

男孩子们开始辱骂塔力克，命令他把比萨给他们。塔力克拒绝了，于是他们威胁塔力克，截住了他往车旁走的道。“把比萨给我们，狗杂种！”

塔力克镇定自若。“不给。”他回答说。

“开枪打他！”一个少年叫起来，“杀了这个浑蛋！”叫嚣的是人群中年纪较大的少年之一，他边说边看着年幼的托尼·希克斯，“开枪打他！”

那一刻，希克斯内心想要被其他男孩接受的渴望，盖过了外祖父日常对他的教诲。他拔出枪，开了火。塔力克倒下去，死了。

突如其来的不幸，让塔力克的父亲阿齐姆几乎垮掉。这样的事实格外令人痛苦。儿子走了，不过，阿齐姆没有因此而一直意志消沉、痛苦不堪，相反，他重新振作，建立起帮助他人的平台。阿齐姆找到托尼·希克斯的外祖父普雷兹·菲利克斯，他是托尼的法定监护人。两个人开始了一番谈话。他们说起各自都失去了一个孩子：阿齐姆的儿子死了，菲利克斯的外孙托尼也面临着谋杀罪的指控。尽管托尼·希克斯只有十四岁，加州检察机关还是打算按成人犯罪起诉他。“打从一开始，我知道枪两头站着的都是受害者。”阿齐姆是这么说的，他和菲利克斯讨论过后，决定共同致力于停止此类无谓的暴力。

他们成立了塔力克·卡米萨基金会（www.tkf.org），呼吁父母亲和年轻人“帮帮孩子们，停止孩子谋杀孩子”。阿齐姆说：“在我的信仰中，亲人逝去第四十天，你就得打起精神，化悲痛为良善、同情的行动。这样的行动犹如注入高标号汽油，让我们的灵魂能够继续前方的旅程。失去孩子只悲伤四十天太短，不过，我成立起塔力克·卡米萨基金会，目的之一就是为我的儿子行善积德，另外，也是让我自己有个目标和信念。”

你可能也经历过与阿齐姆·卡米萨相同的伤痛。你是不是希望事情从没发生？毋庸置疑。可是，事情已经确确实实地发生了。问题就变成“你要怎样度过痛苦的经历”？你又要如何寻找心灵前行旅程的高标号汽油？

无论是什么，既然已经发生，就请接受这个事实，继续生活，别再有不应当发生之类的想法。不要与事实争辩。

练习1.列出生活中你希望能够改变或重新来过的事。

练习2.列出的每一件事都问一遍以下的问题，写出答案。

○渡过这个难关后，我要如何比以前做得更好呢？

○从这次经历中我学到什么有用的东西？

○我要怎样把学到的东西与人分享，帮助别人呢？

○我要如何接受发生的事情？如何让它发挥高标号汽油的作用，推动我阻止类似事情发生在别人身上？

一切宽恕，归根结底，是自我宽恕。

——迈克尔·贝克威思

采取宽恕的态度，秉持良善的意向

理论上来说，明知是错的事情，人们是不会做的。这种说法颇有些一概而论，似乎与人们的实际行为不符。可是，仔细想一想，它不无道理。

一个孩子打了另一个孩子，被打孩子的父母常常会冲过去，质问打人的孩子：“你怎么打人呢？”打人的孩子总能说出一个理由，可能是“因为她抢了我的玩具”，或者“因为他叫我的外号”。多数孩子从小就被教导打人不对，但他们仍会时不时地施暴。既然他们知道这么做是错的，那为什么还会犯呢？明知不对还要做，因为他们有做的“理由”，于是，错误的行为便不再“错误”。

有没有更好的解决办法呢？当然有。可是在当时的情况下，小孩子感到不满意了，与其费时费力找打人之外的缓解不满情绪的方法，他觉得还不如采取一些行动，尽管那被告知是不对的。

无论什么时候我们做了错事，都会说出一个理由。于是就不再是做错事了，我们的行为变得情有可原。虽然看上去似乎是在给自己找理由，但其实我们心里是这么认为的：“非常时刻需要非常手段。”

明知不对的事，你做了。但当时你缺乏充分的解决问题的资源，所以做不到既不打破规则又能满足个人的需求。当时你可能疲惫不堪、沮丧不已、火冒三丈或者饥肠辘辘，也有可能只是身处陌生环境感到不适。那种情况下，你采取了“错误”的举动，但你有错误的缘由。因此，你的行为就不是错误的了，它们得到了正名。

有一个笑话是说一个妇人开车时被人抢了道。那一天妇人原本就很不爽，她被激怒了，紧咬着抢道的车不放。她按着喇叭，让抢道司机注意到她，接着摇下车窗，发出一连串的辱骂。最后，她还竖起手指告诉那个司机，“我才是第一名”，要知道，她伸出的是中指。

摇上车窗后，妇人注意到后视镜里有一辆警车飞驰而来。“太好了。”她暗喜，“警察一定是看到那个笨蛋抢道了，所以追上来逮捕他。”可是，警车停在了妇人车子后面，警察示意她靠边停车。她惊讶万分，但还是按照警察的指示做了。

“举起双手，走下车来！”警察的声音通过扬声器嗡嗡地响着。妇人吓坏了，她战战兢兢地下车站到了路上。

“脸朝下，趴到地上！”警察命令道。

妇人慢慢蹲下，俯卧到地上。她感到一副冰冷的手铐锁住了手腕，然后被拽起来，推进了警车车厢后部。警车载着她驶离现场时，她看到一辆拖车拖走了自己的车，车子被警方扣押了。

这个妇人被羁押在拘留室里，没人告知她触犯了什么条例，也没人说她的命运会如何。她就这样坐等了好几小时，终于一名警官打开拘留室的门，声音漠然地说道：“你可以走了。”

警官护送她走出警察局时，这个妇人终于按捺不住。她唰地转过身去，问道：“你们凭什么抓我？到底怎么了？”

警察解释说：“逮捕你的警察目睹了你对别的司机的所作所为。他看到你车子的保险杠上贴着‘主会如何做’和‘希望世界和平’的标语。你的行为和标语形成了鲜明的反差，因此，警察猜测你开的车是偷来的。”

身处那样的情形之中，这个妇人认可了自己的行为不再是错误的，即便那与她坚定不移的信仰截然相反。

你也一定做过明知故犯的事，但考虑到当初的情况，一切情有可原。对过去的此类行为感到内疚，相当于无视当时的实际情况，草率地打上了错误的标签，否定了自己。你对曾经的所作所为感到后悔、内疚、自责，但在那样的情况下，鉴于那时的心灵成熟度与情绪管理能力，你只会做能力所及的事。

是时候放手了，让自责随风飘去吧。是时候宽恕自己了。宽恕他人不易，宽恕自我则更难，因为我们对自己的要求往往严苛到不切实际。

就像你宽恕他人所做的练习，现在开始做宽恕自我的练习吧。

练习1.静静地坐着，闭上眼睛，深呼吸。想象自己置身于一处大型豪华剧院。偌大的剧院中只有你一个观众，油然而生一种超脱和福佑的感觉。你面前的舞台装点着帷帘，室内灯光渐暗，一盏聚光灯亮起，在幕布中央投射出一个巨大的光环。

紧盯着光环，深吸几口气。准备好后，展开想象力：你看着自己迈步走进了明亮的光环中，手上拿着一块小黑板。再次深呼吸，当内心一片平静时，在心里说：“××（你的名字），我已经放下了对你的所有不满。欢迎你走进崭新的一天，对你我会重新看待。我赞美你教给我那么多事，感谢你出现在我的生命中，你是上帝赐予我的礼物。”

说完，为台上的自己热烈鼓掌，看着那个自己接受掌声，看着他由于自己的所作所为被原谅而流泪。对台上的自己表示感谢和赞美时，要看着他的眼睛。然后，像前面做过的那样，邀请台上的自己到身边来。

不过，当被宽恕的自己来到面前后，不是像宽恕他人那样请他坐在身边，而是想象自己起身站起，然后，两个“你”慢慢融为一体，成为一个新的自己，一个被宽恕的面貌崭新的你。

你可能需要尝试好几次，才会觉得被彻底宽恕。付出一些时间，然后记录下这段经历，写下被宽恕的滋味。

练习2.倘若这个练习做起来有困难，想想我们做事情时秉持的良善用心。写下下述问题的答案：

- 我做这事是什么用意?
- 我想要满足什么需求?
- 根据我现在的经验，日后要怎样做才会更好?

现在，重复练习宽恕。深呼吸，你能感受到笑话中被捕妇人释放时的感受——一切过错，皆是误会而已。

如何做到不抱怨

最基本的关系是与自己的关系，其他关系都是这个内在关系的外在表现。我们希望与他人之间的关系是健康的、启迪性的且令人满意的，不过要实现这样的关系，先得做到与自己和解。

而抱怨会把你标示为所处境遇中的牺牲品。一旦如此，你再也无法受到别人的启迪，也无法多方面发挥作用。

练习1.使用随书赠送的紫手环，当你逮到自己抱怨时，就把手环换到另一只手上。每次移动手环，都要回到二十一天不抱怨计划的第一天，重新开始计数。在实现目标的过程中，你逐渐改变了内在的自我。

人脑像一座工厂，制造的是想法。嘴巴就像顾客，买下并大声说出大脑生产的想法。如果顾客不再购买，工厂就会更换产品。大多数人大脑中都流淌着一条盛满了负面想法的河流，抱怨的时候这些负面想法就会喷涌而出。如果停止了抱怨，你会发现意念硬盘被格式化了，你变得更加快乐。

练习2.列出你通常抱怨的事情。然后自问抱怨背后的动机是什么：

○Get attention 引起关注

○Remove yourself from responsibility 推卸责任

○Inspire envy or brag 引人艳羡或为了吹嘘

○Have power over someone 操纵他人的力量

○Excuse your poor performance 为表现欠佳找借口

练习3：写出能满足上述需求的其他办法。想方设法去实现曾被认为不可能的事情。只要你付出，就会有收获。

○如果你想要别人关注你，不妨先认可别人。

○别推卸责任，相反，想一想，要改善当下的情形你能承担什么责任？无论能担起的责任有多么微小。

○如果你想吹嘘，要认清这是因为你过于以自我为中心了。这样怎么能关心和帮助别人呢？又如何让自己因为关心、帮助他人而感到更优秀呢？

○如果你想操纵他人，那是由于你内心有种无力感。

了解了抱怨的内在动因，寻找到免为牺牲品的替代方法，你的能力就能增长。不抱怨可以改变你的思维，让你看到内心以及周遭的美好。

一切关系，归根结底，都是与自我的关系。内部关系均在外部关系中有所体现。在你与无法分开的人之间，开始培养健康、友爱的联系，这会让你所有的关系发生改变。当你与自我的关系有了积极的改变时，别人对待你也会更友善。因为改变你与自我的关系，能改变你与他人关系的背景，原来的情况是你可能向别人倾倒苦水，现在变成了彼此共享欢乐、一起成长的机会。当别人感觉到这种转变时，他人与你的关系也会随之变化，而且会以更合力、更支持的方式做出回应。

真诚可靠的关系源自探索、宽恕、赞扬一个真诚可靠的自我。只要你全身心付出，致力于打造健康、快乐、互相扶持的关系，就能释放挫折与痛苦，培养同理心，拥抱新生。

■人生就是成长。一切成长均是冒险，如在黑暗中跳跃，是自发的未经策划的行为，没有经验可以用得上。

■成长没有“一劳永逸”的说法。任何关系都提供成长的机遇。他人恰好给我们提供了挑战，反馈了信息，树立了榜样，还是鼓舞我们成长的动力。

■世界上每个人都是你的知己。因为，只要你愿意接受，遇见的每个人都带有可以让你变完整的东西。与别人互动，会引出你需要疗愈的伤口。

■你必须把内心的挑战调向光亮处，只有在光线照耀下显露出来，你才能看到挑战，着手解决问题，并疗愈创伤。

■所有与他人的关系，最终都可归结为你与自己关系的反映。与人相处的能力是自我相处能力的反映。要达成不抱怨的关系，你必须对自己的所有关系担起责任。

·不·抱·怨·行·动·

■不先疗愈与自我的关系，就企图改善与他人的关系，只会徒劳无功，即便有所成效，也会转瞬即逝。

■本章设计了一些小练习，助你改变最重要也是最长久的关系。现在就开始，每天投入半小时，通过改变你与自我的关系，为你的所有关系打造一个坚实的基础。

Part 7

用爱疗愈抱怨

- 抱怨的东西会回到我们身上
- 人们为何经常以怨还怨
- 别总把抱怨当作人身攻击
- 一切可怕之事都需要爱

> 每件促使我们注意到他人的事，都能使我们更好地理解自己。
> ——卡尔·荣格（Carl Jung）

抱怨的东西会回到我们身上

我们已经明白，抱怨无法改善关系。相反，抱怨容易使关系面对的挑战更为复杂，更为持久。

美国心理学会出版的《性格与社会心理学期刊》登了一篇文章，指出听你抱怨时，人们会认为你也具有那些负面特质。作者在文中写道："称对手腐败的政治家，可能自己被人认为不诚实；说他人出轨不忠的八卦人士，也许自身被视为生活放荡。"

为了满足某种人际需求，你可能抱怨别人或者向某人抱怨。你抱怨也许是为了引起他人关注，也许是吹嘘自己比别人优秀，也许是为自己在某种关系中表现不佳开脱。可是，听你抱怨的人潜意识里会得出一个结论，即你自身也具有完全一样的负面特质。

抱怨的东西竟然回到了自己身上。

为什么会这样？原因就在于，我们在别人身上看到了那些特质，却不知道其实自己也有。别人身上烦扰我们的事，很可能也是我们身上的事，是属于“乔哈里之窗”第三格的范围——存在于我们身上，但我们自己看不到。

最近我自己亲身体验到了这一点。我在办公室等几位迟到的集会者。等待之时，我察觉到脑海中闪过焦急、批评的想法，比如，“他们究竟在哪儿？太不尊重我和其他人的时间了。”意识到自己的消极情绪，我抽出自己的日程表，一边等待，一边检查上个星期我参加的集会。 如果有人要见我——自己绝对不会晚到——我总是很准时。然而，上个星期我参加了九次集会，其中七次都迟到了，迟到比例居然超过了百分之七十。难怪我会对跟自己一样的人恼火呢？我对他们的行为产生不满，这促使我检查起自己的表现；现在我变得更守时，对不准时的人也更宽容。

别人身上令人不快的地方，往往也是我们自身存在的特质或亟待解决的问题。这就是为什么别人会把抱怨的内容返回到我们身上。关系帮我们成长，而成长正是探索我们需要疗愈和改变的地方。改变才能成长，而成长的空间很多时候是由于与人发生争议才浮现出来。当你想要抱怨别人时，先检查自己是否有同样的行为。

你可能会发现自己的确有同样行为，意识到这点是改变和成长的好机会。然而，也可能你自己并没有此类缺陷，但曾因为这种行为遭受了伤害。

人人都想要事情更好，却没人想要事情改变。

——派特·派克利（Pat Parelli）

人们为何经常以怨还怨

不久前，一位女士来找我进行精神辅导。她告诉我说，她与一个同事存在矛盾快两年了。那个同事总是很晚才来上班，而且还早退，要不就是工作时间做私事，让她的工作量大大超过了应该承担的份额，以致无法完成。

“她很不负责！”女士生气地对我说。接着，她详细入微，描述了自己如何成了同事行为的受害者，可又无力改变现状。

“你认为自己做到最好了吗？”我问道。

女士思索片刻，说她在工作和家庭生活上都颇为负责。她这么说时，语调平静，听不出有何不满，也没有竭力说服我相信她的意思。看上去确实是个有责任心的人。

“那么，”我说，“你生活中还有谁也是不负责任的吗？”

“我父亲！”她脱口而出，回答的声调和语速表明，她与父亲的关系存在着未愈合的创伤。“我们家六个孩子，”她说道，“他从不帮妈妈做家事，成天游手好闲，全是妈妈在照顾我们，她做全职工作，支撑着这个家。可是父亲只要看到喜欢的东西，就会满不在乎地拿我们的房租去挥霍。记得有一次，房租一拖再拖，妈妈东拼西凑，好不容易才凑够了钱。可被父亲无意中发现了，他拿着钱买了一条船！你相信吗？妻子和六个孩子快要露宿街头了，他居然用我们唯一的一点钱，买了一条该死的船！”

“这事让你有什么感觉？”我问她。

“很受伤——但无能为力。”她说道，回想起父亲的不负责任，回想起作为一个幼小的孩子，自己无力催使他担负起养家的义务，她的双手不禁由于愤怒而颤抖。

“你和不负责任的同事之间有矛盾，她的举动困扰了你很长时间，对吗？”

“是的。”她说。

“你无力令同事改变她的行为，对吗？”

“嗯。”

“在我看来，真正的问题不在你和同事之间，而在于你和父亲之间，你们之间存在未愈合的创伤。”我说道，“你对父亲的所作所为感到无能为力，这很正常。他挥霍那笔房租的时候，你只是个小女孩。不过，现在你已经是成年人，且有所成就，工作上的事你有能力改善，对吗？”

她想了想，同意我说的。

“写下你对父亲的感觉。”我说，“你可以想象与还是孩童时的自己对话，感受她的痛苦和沮丧，告诉她对父亲的行为有如此感受无可厚非。你也可以在记录中假想成年的自己回到过去，介入阻止父亲的行为。想象你勇敢地告诉父亲，让他知道你不会继续容忍他的所作所为。”

这名女士在工作中面对同事的行为时，感觉像个无助的小孩。虽然她觉得应当要求同事对工作负起责任，却又感到无能为力，不知如何是好。这是自童年时期延续下来的伤痛。对她而言，得以成长的机会，不在于去认识自己是否有责任心，而是意识到她对父亲的伤痛记忆和糟糕感受。成长的空间在她与父亲的关系中，即使父亲已经去世几十年了，他们的关系依然留存在她心里（所有的关系都是如此）。

别总把抱怨当作人身攻击

我们说过，人们抱怨是为了引起关注，免除责任，激起羡慕，支配他人，以及为自己表现不佳开脱。这些是人们抱怨的原因。可是，人们会由于什么而抱怨呢？被抱怨的关系有哪些共同点呢？J.K.阿尔伯茨博士总结了五大类不满：

不满

1.行为举止（别人做或没做的行为）
2.个人特点（别人的性格或信念）
3.表现（行为是如何执行）
4.他人的抱怨
5.个人容貌

举例

1. “你又把袜子扔在地上了！”
2. “你话真多。说个不停而且不听别人说！”
3. “你种树的方法不对。坑得再挖深一些！”
4. “你总埋怨我！”
5. “你头发乱七八糟的，早上没梳头吧？”

上面列出的不满种类中，阿尔伯茨博士发现“对他人行为举止的抱怨”在所有抱怨中占了72%，其比例几乎是第二大抱怨（对个人特点的抱怨，占17%）的五倍，是其他三类抱怨加起来的三倍多！

有趣的现象是：尽管绝大多数抱怨的是别人的行为，听到抱怨的人却很容易把针对自己行为的抱怨当作人身攻击。抱怨者只是评价对方的行为，但接收者心中却认为是在贬低自己。

阿尔伯茨博士进行了一项研究，对象是五十二对情侣。研究要求他们对另一半发出抱怨，同时也听对方抱怨。接着研究人员询问每一个人，请他们说明抱怨的性质。

情侣们被嘱咐，发出的抱怨中，行为性抱怨要多于人身攻击性抱怨。事后，当研究人员询问这些夫妇时，他们估计自己抱怨对方行为的比例要比抱怨个性特点的比例高出约20%，大多数抱怨是关于行为而非针对人身的。

然而，当问及接收的抱怨时，情侣们估算说，他们听到的人身攻击性抱怨要比针对行为的抱怨多出近30%。

可是，研究人员仔细分析了抱怨的性质和数量后，发现两者数量并无明显差别。也就是说，行为性抱怨和人身攻击性抱怨各占总数的50%。发出抱怨的人觉得自己评论对方的行为更多些，然而，接收者却觉得那是明显的人身攻击。

实验解释清楚了大多数关系中为什么会存在争议。你认为自己做出的反馈是中性的，而听到的是中伤性的，而对方与你的感觉恰好相反。于是，不同的世界大碰撞了！所以，如果有人对你抱怨，切勿条件反射地以为是对你的人身攻击。他极有可能只是评论你的某个行为。行为是可以改变的。我们自己往往不注意，但可能困扰了别人。倘若我们真心希望打造出令人满意的关系，也许应当考虑停止或改变某些行为。

当你评论某人时，要明确说明一点，即你的话并不是想评价对方的价值。譬如，你可以这么说："我希望你能明白，我向来觉得你是个很棒的人。所以，请了解这不是人身攻击。只是你方便完不放下马桶圈的话，我半夜上厕所会一下子坐进去的。谢谢你能把马桶圈掀起来，那你用完后可不可以记得放下去呢？"

若别人评论你的行为让你有很大反应，这是个很好的信号，说明你应当思索一下别人的意见，找出是什么引发了你的紧张情绪。

例如，公司某位同事总是拿你桌上的东西不还，你可能会觉得讨厌。你有权利要求他归还属于你的东西。你会请他要么还东西，要么再也别从你这儿借用了。这只是要求同事改变他的行为，并没有针对人身。这是直接对当事人本人提出要求，很中性的要求；是健康的沟通交流，也捍卫了自己的权利。

可是，你的同事也许会把你的要求理解成中伤。"你说我是小偷吗？"如果他这么说的话，那是因为他内心某处被触痛了。也许还是孩子时，父母亲为了惩罚曾没收过他的东西。也许少年时，他被误认为偷窃而被逮捕过，因此对任何说他拿走不属于自己东西的言语异常敏感。

意见其实是与个人有关的——与对方个人有关，理解这一点很重要。对方提的要求，是基于他们看待事物的独特视角，是基于他们的个人世界。

这么想就如释重负了。"他们的行为不是针对我的，是他们自身的缘由。"这种想法在被人抱怨时，有助于消除随之产生的负能量。不过，我们也不能以此作为借口，拒绝听取针对自己的批评，有些意见是我们生命成长过程中确实需要的。

如果你从不同人那里听到如出一辙的意见，你就该检讨是否真的是自己的问题。

切记，需要改变只是行为。别人的意见不是针对你这个人的，不是评判你不好或是没用，你的价值无法衡量。人人都有毛病或伤痛，需要挑出来，才能得以解决和疗愈。采纳前一章的建议和方法，围绕我们面临的问题做一些功课，然后找一个你信任的公正之人，请他对自己所做的事提些意见。

我们已经说过，每个人都有过痛苦的经历，遗留下未疗愈的创伤。我们生而独特，被赐予了不起的才能与力量。可是，我们在孩童时，也许这些力量与才能得不到赞扬，甚至会被指责、被压制。

脾气暴躁的父母抚养长大的孩子，也许总是想方设法不去惹人注意，并由此形成孤僻、拐弯抹角、不自信的性格特征。他想要透露的潜在信息是："如果你们看不到我，就伤害不了我。"相比之下，在一个感受不到父母亲情的家庭里长大的孩子，家人之间很少甚至没有面对面的交流和联系，电视机白天晚上不停地开着，以避免尴尬的气氛。这个孩子长大后会是个吵闹、粗鲁、武断的人。人们会觉得难以忍受这种人。他们的个性背后潜藏的信息是："我在这呢！我存在，快关注我。"

我们的行为往往是童年时期留下的情感创伤的显现。在生活历练中成长，意思就是找出陈旧的创伤，对其进行治疗。父母和我们一样，也是人，他们也有自己的困难和毛病。作为父母，他们尽力做到了最好，但其情感创伤还是会传递给孩子。

有一种情感创伤在许多人身上很常见，那就是他们认为：父母对自己不好是因为自己就该被如此对待。他们把父母的行为当作是人身攻击性的。“我要不是现在这个样就好了，他们对我也许会不同。”他们会这么想。

当你了解到父母的行为只是他们自身问题的外在表现，而不是你的问题时，你就成长了。你只是碰巧闯入了他们的人生剧目，是个对情节一无所知的角色。后续情节中，父母也许会改变，也许不会。不管怎样，他们的行为是他们自身的问题。

一切可怕之事都需要爱

关系中出现的问题也许很考验人，甚至很可怕，但它们是可以解决的，可以用爱来解决。伟大的德国诗人莱纳·玛利亚·里尔克（Ranier Maria Rilke）曾断言：“一切可怕之事都需要爱。”我们自身的问题能用爱疗愈，父母抚育不善造成的不愉快记忆可以通过爱抹去，我们与他人之间存在的争议也能用爱来弥合。

应当谨记自己为什么活着，我们活着是为了快乐和成长——人生由快乐与成长组成。关系是人生这个宏观宇宙中的微观世界，关系是生活这片泱泱大海中的小水滴，关系给予我们欢乐，带给我们成长。

我认识的一个人曾在人生的十字路口徘徊。他非常热爱自己的工作，工作中会遇到许多激励人心的挑战，让他能够成长，而且工作待遇也很丰厚。公司很重视他，手下还管着一群人。

可是，工作中有个困难他似乎无法克服。手下一起工作的人无法胜任工作，他们既不能按他的要求做事，也不能在他认为合理的时间内完成工作。这些人对他也不友好，好像还在背后窃窃私语。而且，他还注意到，这些下属彼此之间很要好，经常联合起来刁难他。

几个月来他努力工作，不断获得成功，但对手下的不满依旧。他差点儿想离开喜爱的工作，思来想去，打算休长假后再进行抉择。

“我要不要辞职？”晚上他躺在床上思忖。

“也许我应当辞退所有人，然后招一批新人进来。”他赤足漫步海滩时想着。

“需要一名顾问介入进来。”他睡在星空下的吊床上思索。

他告诉我，假期头几天，他满脑子都是属下团队无能的想法。他有一种难以遏制的欲望，想要开掉这些人，或是自己辞职，但又犹豫不决。

“你最终是怎么决定的？”我问他。

“挺有意思的。”他说，“好几天来我都在想如何选择，想有没有其他的办法，可是好像怎么做都不理想。最后，我索性把一切都抛到脑后，跟家人一起开开心心地度假。”

“有趣的事发生了。”他说道，往前倾了倾身子，“我休假回来后，发现所有的事都干完了。而且，不仅如此，每个人对我都是又尊重又感谢的样子，那是我之前从没见过的。”

“你休假期间什么事发生了改变？”我问。

“我改变了。”他说，“我放松下来，开开心心地享受假期。我想到了人生中最重要的事，我不再被工作中的琐事费心耗力。我离开去休假时，像一个上紧的发条，休假回来后，我放下了。我温和地对待自己，也温和地对待员工，他们也相应地如此对待全新的我，一切都是那么美好。”

其实一切关系都是如此。我们改变了，对方也会随之改变。当我们承担起建立关系的责任时，也就给予了自己改善关系的能力。这就是我们拥有的能力。我们可以创造充斥争斗的关系，也可以创造不抱怨的关系，选择权在我们手中。如果我们对关系负责，我们就能改变他们。

爱因斯坦做了很好的总结：“一个人是一个整体的一部分，这个整体即我们所称的宇宙，是一个受到时间、空间限制的一部分。他常常以为，自己的思想感情是与其他事物割裂开来的某种东西——这是一种意识的错觉。这种错觉犹如一个牢笼，使我们局限于个人的欲望，只对和我们最亲近的人才怀有温情。我们的任务应是扩大同情心，去拥抱所有的生命和自然界中美好的一切，把自己从这个牢笼中解放出来。”

■为了满足某种人际需求，你可能抱怨别人或者向某人抱怨。你抱怨也许是为了引起他人关注，也许是吹嘘自己比别人优秀，也许是为自己在某种关系中表现不佳开脱。可是，听你抱怨的人潜意识里会得出一个结论，即你自身也具有完全一样的负面特质。

■关系帮助我们成长，而成长正是探索我们需要疗愈和改变的地方。改变才能成长，而成长的空间很多时候是由于与人发生争议才浮现出来。当你想要抱怨别人时，先检查自己是否有同样的行为。

■如果别人评论你的行为让你有很大反应，这是个很好的信号，说明你应当思索一下别人的意见，找出是什么引发了你的紧张情绪。

■人人都有毛病或伤痛，需要挑出来，才能得以解决，终获疗愈。

■我们的行为往往是童年时期留下的情感创伤的显现。在生活历练中成长，意思就是找出陈旧的创伤，对其进行治疗。

■一切可怕之事都需要爱。

■我们可以创造充斥争斗的关系，也可以创造不抱怨的关系，选择权在我们手中。如果我们对关系负责，我们就能改变他们。

·不·抱·怨·行·动·

■某人给你提了一个意见，而你打算将其当作人身攻击时，谨记那个意见是与个人有关的——与对方相关。不是你的原因。所以，请花上片刻，想一想对方过去或现在的生活中究竟发生过什么事，导致他用这样的方式跟你说话。写下也许是真正的原因，抛掉你自我编造的背后故事。

■当你听到不同人的抱怨时，请注意观察都是什么方式的抱怨。别对它们置之不理，要把你听到的意见当作有价值的反馈。倘若改变对各方有益的话，你应当如何着手，思考并记录下来。

■列出你的优势。人人都有优势，那你有何特长？你具备什么天赋与才能？当你遭遇批评指责时，脑子里过一遍你的优势清单。记住，你多才多艺，有许多优秀的品质。请感谢那些优势，探寻心灵成长的空间，使自己的人生变得丰实。

■当你想跟别人谈论其行为时，想一想应当如何表明自己没有人身攻击的意思。写下你要说的内容。先告诉对方你觉得他有哪些优秀品质，并对你欣赏的事情表示感激。这是让对方知道，你的批评不是想要攻击人身。别谈论对方过去曾做过什么，只说你希望他日后如何达成。

■了解自己的价值。如果有人向你抱怨，别认为那是在衡量自己的价值。肯定地告诉自己说：“我的价值无法估量。”

【结语】

你拥有无尽的潜能

亲爱的布鲁特斯(Brutus)，那错处并不在于我们的命运，而在我们自己。

——莎士比亚，《恺撒大帝》，第1幕第2场

关系是人生的一部分

深受尊敬的印度哲学家、心灵导师克里希那穆提（Jiddu Krishnamurti）曾写道：“关系没有终点。某一段特定的关系可能会结束，但关系不会终止。存在即联系。”

关系现在是，而且将来会一直是，人生的一部分。

关系是最大的难题，关系是最大的幸事，有时两者兼具。

关系可能从孕育开始，一直延续到死亡；关系也可能只是昙

花一现，为人生锦上添花。无论关系存续时间长短，都是每时每刻在转变，因为我们也在不停地在改变、在成长。

我们及我们的关系不停地变化，并不能说我们因此就无法修复和改善关系。恰恰相反。关系变化的特征意味着我们可以改变它们的路线。关系的方向很大程度上由两方面决定：我们是谁，我们眼中的他人是怎样的。

你掌握着关系的主动权

要把关系变得积极，就必须承认是我们在左右着关系的方向。认识到这一点，然后有意识地引导关系的进程，我们就赢得了机会。想在失败处找回成就感，想在纷争地弹奏和谐音，就只有下定决心，积极主动地引导关系，而不是抱着消极被动的态度，最好的办法是：抓紧缰绳，控制关系顺着我们选择的方向前进。

我家养了四匹漂亮的马，其中包括“备用马”多芬，偶尔我们会邀请朋友过来一道骑马。多芬被买来之前，在儿童骑术训练营待过很长时间。用它来给客人当坐骑最好，因为无论骑术水平高低，大多数人都能稳稳地跨坐在它身上。

有一次，我们骑着马经过一条狭窄的小径，桂儿带头，莉亚第二，朋友骑着多芬随行，我和我的马殿后。我注意到朋友遇到了麻烦。多芬总是偏离小路，想往狭长小径右面的树林里走。每次多芬这样，马背上的人只要拽一下缰绳，多芬就会走回原来的路上。

“怎么了？”我问。

“多芬不愿意走在这条路上。”朋友说，明显有些沮丧。“它总是转向右侧。”

“那是因为你告诉它往右转的。”我说道。

“我没有。”朋友说。

她确实以为自己是让多芬笔直往前走的。她责怪多芬，不该老是突然右转，让自己被小径两旁低垂的树枝划伤。

“哦，”我说，“你有。你回头和我说话时，上身总是朝右边转。你这么做时，多芬感受到你身体的移动，以为你是让它转向那个方向。它只是在服从你的指令。你再和我说话时，试着让身体面向正前方，只把你的头扭过来。”

起初，要让朋友记住还真不容易。不过，没多久朋友就形成习惯了，保持身体面向小路前方，只转过头来聊天。余下的路途多芬再也没走偏过。

如果朋友和多芬站在原地不动，她身体朝向哪面无关紧要。但正是由于她们在移动，确定要走的方向才十分重要。

你的关系也总是在移动，在前进，因此，你也能确定它们的方向。忘掉之前你有多少次离开了小径。之前偏离是因为那时你还不知道，原来自己可以决定路线。你放开缰绳，身子转向你选择的朝向，关系服从了你的选择。现在，把缰绳拿在手中，指挥关系沿着你选定的小径前行吧。

记住，你掌握着关系的主动权。你决定了关系是沿着温和的路线前进，还是走偏一头栽进“树林”。最重要的是你要明白，关系是你的，如果你把关系的发展交到别人手中，就等于放开了手中的缰绳。

我们用想法和行动塑造着关系。关系好比一块土地。它可以是一片美丽的草原，我们在上面播撒探索和成长的种子；它也可以是一片战场焦土，载满了伤痛和苦难。你决定着关系的路线。是你——不是上帝，不是其他人，不是你的命相，不是命运，不是职业、年龄、种族、教养，也不是你有多少钱——决定了你的关系走向何方。

在关系中学会成长

关系带给我们许许多多、各种各样的欢乐，关系还给予我们机会，让我们拓展对自己、对他人的爱和同情。一切关系都是独一无二的。

有些人能立即与我们产生共鸣，但有些人我们却永远不会与之交朋友。这并不能说明哪个人好，哪个人坏，也不能衡量你的价值。每个灵魂的旅程都是独一无二的，路上有人愿意跟你一起走，支持你选择的路线，但也有人不乐意这么做。

有的人自认识那一刻起，就与我们共鸣。他们与你如此契合，就好像订制的衣服配上了一条搭配完美的领带。这种关系我称之为“顶级关系”。

当然，你与这类人之间的关系也会有起有落，但是只要存续，就保持着牢固的状态。如果你把本书概括的原则运用到这类关系中，你会发现，自己能消除掉与这类特别的人之间的摩擦。

也有的人似乎与你不合。吸取我们讨论过的教训，运用那些经验，你同样有能力纾解矛盾，在关系中寻求快乐。不过，你无法把所有的关系都转化成顶级关系。如果所有的关系都让人一样的满意，你就无从了解某类关系的美妙和非凡，那似乎超越时空界限的感觉。这类关系如钻石般稀有。企图把一个关系转化成顶级关系，只会徒劳无功，适得其反。

几乎所有关系都存在苦恼时刻。不仅我们与他人的关系如此，我们与自我的关系也不例外。我们总是有尴尬、难受、忧虑、迷惘的时候。感到苦恼说明有问题，但离真相也就不远了。

记住，关系存在是为了让我们成长。正是在感到苦恼的时候，我们才找得到需对付的问题，如此我们才能成长。再把关系比作田地，不管你多勤劳，多呵护它，还是会不时冒出杂草。然而，就是在这些不和谐的时刻，你发现了个人发展的下一步走法。你看到了杂草，就能除掉它们，不让它们盖过庄稼。面对考验时刻，你会瞥见自己“乔哈里之窗”的第三格。考验时刻是个信号，要求你有新的成长。它不是为了指出关系中的瑕疵和裂痕，只表明了一个迹象，即关系需要成长，需要向前发展。

有人认为，应当不惜一切代价，摆脱痛苦和不满。如此做法，让自己担负了极大的风险，因为我们正是在这种时刻成长。痛苦和不满是我们心灵旅程的自然组成部分，否定它们就是否定成长。可是，医药产业却借人生中极为正常的苦恼和不满牟利，研制出一大堆抗抑郁、抗焦虑的药物，设法麻痹我们，使我们感觉不到苦恼和不满。

有人从中大为受益，他们确实需要这类药物发挥作用。数百万人依赖这些药物，他们已经形成错误的观念，认为生活中应当总是感到舒适，不应当存在考验和挑战。

没有了问题、困难和烦恼，那还叫生命吗？那是死亡。

参加派对的例子可以用来生动地比喻人生。大多数人刚到派对现场时都有一点不适的感觉。但待一会儿就会安定下来，且还觉得那儿很自在。不过，如果你再把这个人带到另一个派对，很可能途中他们的不安感又回来了。到了第二个派对后，又会有一阵子觉得不舒服，接下来又会再次感到愉快了许多。

关系就像从一个派对到另一个派对。前一个派对与后一个派对有何不同吗？人不同，因此，我们要想法适应不同派对上的不同的人。在关系中，我们和其他人也总在变，所以，总会有一种想要安定的状态。这很正常，而且持续存在。

许多人到了派对后会喝酒，想以此来加速安定的过程。为什么？因为酒精能够改变他们。摄入酒精不会改变周遭的人，但可以改变饮酒者自身。本人借喝酒改变时，派对也逐渐越来越让人觉得舒服，越来越美好，越来越快乐。饮酒人改变的时候，派对对他而言，也随之改变了。

关系也是如此。我们改变了，关系一定也会改变（是一定，不是可能）。我们通过自我转变，来转化关系。

改变自己是唯一的途径

你也许会告诉任何愿意听的人，说你与这人或那人的关系是生命中最重要的部分。你还希望改善你们之间的关系。你甚至会付出不少金钱，买像这本书一样的辅助读物，听专题讲座，进行心灵辅导，或者走其他有用的途径。但直到你愿意改变自己所有关系中的同一样东西——你，这样关系才能像以前一样继续下去。说很重要，但做才是关键。爱默生就曾坦言：“你是什么样的人比你说什么更重要。”关系之所以改变，是由于处于关系中的我们是怎样的人，而不仅仅是由于我们说了想要关系变成怎样。

你也许处于一种关系中，它令人心生畏惧，让你不敢轻易尝试去改变它。你觉得格外难处的也许是与父母之间、与朋友、与兄弟姐妹、与爱人、与同事或者与某位权威人物之间的关系。

你可能心存担忧，害怕一旦试着重塑关系，就会丢掉饭碗或者被其他人疏远。但是，你要记得，你不是去改造别人，你是要改变自己。起初别人可能根本发现不了你的变化，但关系早晚会随着你的改变而改变。

关系看似好像难以驯服的巨型怪兽，但只要你了解了每个关系都具备的特点——共同创造性，你会发现，原来自己拥有的能力比之前想象的要强得多。

爱永远与关系同在

1999年的时候，妻子桂儿和我住在南卡罗来纳州默特尔比奇郊外的小镇上。我的工作必须大量时间出差在外，每年都是连着七个月，我不在家，在相邻各州出差。我每每都是星期日下午离家，住在酒店里，一直工作到星期五早上，再返回家里。

每年分开的最初一个月左右的时间，是我和家人最痛苦的时候；接下来的五个月，离家在外工作的感觉不错；途中往返奔波的时候很难熬。

那年初秋，待在家中工作的最后一个月快要结束时，背风群岛（Leeward Islands）以西750海里处生成了弗洛伊德飓风。我和桂儿不断收听天气频道，因为这个四号怪兽开始向南卡罗来纳海岸缓缓移动过来。

不久，飓风追踪仪预报，弗洛伊德将席卷南卡罗来纳州默特尔比奇周边地区。政府发布了强制撤退的命令。我们在房上钉上木板，收拾衣服准备在外面逗留一段时间。我们还把猫、狗、金鱼一起装上货车，把马牵进拖车，这个小小的动物园朝着北卡罗来纳山区的安全地带奔去。我们打算在岳母位于大烟山的木屋里等待暴风雨过去。

弗洛伊德和所有飓风一样变化无常，它在最后关头掉头上行，扫过开普菲尔河（Cape Fear River），进入北卡罗来纳境内。虽然飓风没有经过我们家，但在南卡罗来纳海岸降下大量雨水。我们被告知一星期之后再回家。

我们突然意识到，这是一个意料之外的假期。大家都在一起，有马儿陪伴，有时间空余。天气暖和得不合时令，每天，我们三人都在木屋周围的山上骑着马上上下下。桂儿骑着她的马，我骑着我的，三岁的莉亚靠着我，坐在马鞍前面。晚上，我们一家人一起享受着悠闲而漫长的晚餐。

可是，总是有个事实在背后提醒着我们，就像悬着的一根正在融化的巨大冰柱。回家后短暂的几星期后，我就要离开，开始又一段七个月的差旅之行。长达211天的日子里，我每星期在家待的时候不到48小时。这给我们当下的美好时光投下了长长的阴影，不过，表面上我们都无视即将来临的分别。

接到警报解除的信号后，我们装上所有的东西，还有小动物们，开了五小时车回到家。我们一起度过了愉快的一星期，但是回程途中，大家都有些闷闷不乐。

晚上七点左右到了家，我停下货车，把莉亚叫醒。她抓着毛绒小兔，一路都在打盹，我和桂儿卸下车上的行李，把马鞍和其他一些马具拿到仓房。莉亚跟在我们后面，聊着天，之后就进屋和猫玩去了。八点多的时候，东西都卸完了，我们得把拖车倒进车位。我爬上货车驾驶室，桂儿站在货车后面定位，帮我倒车。

我当时很累。脑中萦绕着很快又要离家半年多的想法，它就像一颗毒瘤吞噬着我的内心。疲倦加上要离家的事，我逐渐感受到巨大的压力。

倒车起步时，我回过头去想确定桂儿站在哪里，可我却看不到她。来不及换上温和的语气，我大叫起来："桂儿！你究竟在哪儿？"

"我站在这里呢！"她也大喊着回我，和我一样的语气。

"可是，我看不到你！"我说，声音中的火气越来越大。"我都看不到你，你还怎么帮我倒车啊？真见鬼！"

"你看不到，那又不是我的错。"她吼起来，"我就站在这里啊！"

"天太黑了！"我尖叫起来，"黑漆漆的，我肯定看不清，不是吗？站到我能看到的地方，行不行？"

我尖刻的语气让桂儿很恼火。她也累了，也很伤心，因为一家人很快就要分开，不能待在一起了，直到春天快过去。桂儿没理我的呼喝声，她静静地站着，不理我。

“桂儿！”

她没答应。

“别不理我！”

还是没答应。

我真的要疯了。我不加考虑，也不知怎么就走下车，怒气冲冲地向她疾走过去。所幸莉亚在屋里玩，因为接下来的几分钟，我俩就开始彼此生气地大呼小叫。我们从来没争吵得这么严重过。我俩你一句我一句，说着刻薄、伤人的话，夹杂着咒骂和恐吓。

我和桂儿很少会以如此方式交流。事实上，我都不记得上次因意见不一而大吵是何时了。但今天我们都累了，离别的伤痛又火上浇油，我俩都狂怒起来。

不知何时，莉亚静静地走到了门廊下，她站在三十英尺开外的地方，听到了一切。莉亚听见妈妈和爸爸互相尖叫，残忍地对骂。

片刻之后，当我喊叫之中，我感到有人轻轻地扯着我的裤腿。我低下头看到了莉亚。我和桂儿立刻噤声不语了。

“妈妈，爸爸，帮帮我好吗？”她说。

我俩低头看着女儿，屋内射出的灯光衬托出她小小的身形轮廓。

“怎么啦？”桂儿克制着自己的语气。

“你能帮我吗？”莉亚又说了一遍。

“帮你什么？”我问。

“我的外套好像有问题，”莉亚说，“你能弄好它吗？”

我和桂儿看了她一会儿。“你的外套怎么了？”桂儿问道，向莉亚面前走了一步。莉亚张开双臂，让桂儿能看得清她的外套。

“哦，穿反了。”桂儿温柔地说，“过来，我来帮你。”桂儿脱下她的夹克衫，反过来，然后给莉亚穿了回去。她忙着的时候，我感到心跳渐渐慢下来，血压也下降了。

“好了，亲爱的。”桂儿说。

“谢谢。”莉亚说。她伸手拉着桂儿俯下身来，亲了亲桂儿的面颊，“我爱你，妈妈。”

她又转向我，拉住我的手让我也俯下身来，然后也亲了亲我的脸，“我也爱你，爸爸。”

之后，她没再说什么，转身慢慢地走回屋里，关上了门。我和桂儿站在那里，看着对方。怒气消失了，我们往对方面前走了一步，拥抱在一起，久久没有放开。

“我爱你。”我说。

“我也爱你。”桂儿回答。

我安静地回到货车上，发动引擎，两人合力停好了车。

晚上，当我给莉亚盖上被子要睡觉时，突然想起一件事。

“莉亚？”我说，“我们一到家你就把外套脱了吧。你在屋里和猫咪玩，为什么又穿上外套呢？”

她转过身去，紧紧抱着毛绒小兔。

“莉亚，”我说，“你是知道怎么正确穿上外套的。”

她没理我。

“看着我。”我温柔地说。

她慢慢转过身面对我，但躲避着我的目光。

“你是故意把外套穿反，然后要我们帮你的，是吗？”我问。

过了很久，她才看着我的眼睛说：“你和妈妈互相说着难听的话，我想你们停下来。所以就那么做了。”

“你故意把外套穿反，走出来要我们帮忙，这样我们就会停止吵架了，是吗？”我问。

她缓缓地点了点头。

泪水涌上我的眼眶，我一把把她抱在怀里。我们拥抱了好几分钟。

“我爱你，爸爸。”她说。

“我也爱你，宝贝。”我说，“我也爱妈妈。”

一小时前，这个还在蹒跚学步的小孩目睹了两个成年大人的吵架。我们的身体是她的两倍多，要这么小的孩子改变她父母之间那么大的关系，她得感到多畏惧啊！

她独自做了一件事，让我们打破了困住自己的怒火，不再生气。

坚持不抱怨，需要勇气

你在关系中面临的难题可能看上去很大，可能看上去会令你不知所措，可能看上去无法修复，也可能看上去超出你的掌控范围。但这些并非事实。只要你积极主动，遵循本书提出的建议，你一定能够将关系恢复为健康、和谐的状态。

完全改变你与他人的关系得花上些时间，而且即使完全改变了，偶尔还是会——会，不是可能——出现问题，因为关系的本质便是如此。不过，只要你有坚持的勇气和意愿，就一定能够成功。你不仅要决定自己需要快乐的关系，而且还必须将这个需要当作一个确定不疑的目标，保持既定路线不偏离。

爱默生说过："无论你做什么，都需要勇气。"无论你做什么决定，总会有人认为你错了。前进的道路困难重重，总令你觉得批评你的人很有道理。制订行动计划并执行到底，需要与军人同等的勇气。和平是关系的胜利，但唯有勇者才能赢得那些胜利。

别管那些说你不能成功的人，寻找哪怕是小之又小的改变，不断坚持。就是此时，就在此地，你拥有着无尽的潜能，可以把你与其他人之间的关系，转化成平和、喜乐、相互扶持的"不抱怨的关系"。

【致谢】

生命中最美好的分享

感谢爱妲温·甘妮斯（Edwene Gaines）女士，是她的《繁荣的四大心灵法则》（The Four Spiritual Laws of Prosperity）启发了我和其他人，鼓励我们甩掉抱怨的恶习。感谢山姆·马塞斯（Sam Mathes）先生，感谢您在这本书中和我的生命里都留下了难以磨灭的烙印。感谢阿达姆·汗（Adam Khan），您是一位非常有才华的作家，感谢您对这本书的建议和评论，也感谢您给我的无私的友谊。感谢奥腾·佩姬（Autumn Paige），您所做的调查和研究，为这本书的面世做出了巨大的贡献。感谢莉娅·鲍温（Lia Bowen），我的女儿，感谢你和我分享你的观点和编辑技巧。感谢约翰·格莱德曼（John Gladman）先生，您的才华和热情让我受益匪浅。感谢雷内·帕尔（Rene Pare）先生，您真的是一位良师益友。感谢爱丽丝·安德森（Alice Anderson），约翰·麦克林（John MacLean），以及阿琳·梅耶斯（Arlene Meyers），感谢你们能够让我拥有如此纯净、如此美好的友谊。感谢乔·雅各布森（Joe Jacobson），如果没有你我之间的珍贵友谊，这一切都还无法实现。感谢罗宾·柯瓦斯基博士（Dr Robin Kowalski），您的研究和建议给了我很大帮助。感谢维维安·詹宁斯（Vivien Jennings）和罗格·多雷恩（Roger Doeren），感谢你们的支持和鼓励。感谢邦妮·史密斯（Bonnie Smith）女士，你的热情和见解为这本书增色不少。感谢特蕾莎·洛尔（Teresa Loar）女士，感谢您让那么多人了解了这个“不抱怨的世界”，而正是这些人帮助我把这种“不抱怨”的理念更广泛地传播开来。感谢议员伊尔纽曼·克莱弗尔（Congressman Emanuel Clever）先生，感谢您能去关注那些有建设性的事物，而没有把精力集中在那些有破坏、分裂作用的东西上。感谢Level 5 Media（五级媒体）的史蒂夫·汉斯曼先生（Steve Hanselman），有了您那些耐心、巧妙和专业的指导，才让我一步步踏进出版界的大门。感谢特蕾西·墨菲（Tracy Murphy）以及Doubleday的全体员工们，感谢你们的信任，也感谢你们能与我分享你们的才华和资源。感谢吉尔·温特（Jill Wendt），赫伯·皮尔逊（Herb Pierson），记者们和博客写手们，以及很多很多发现了“不抱怨生活方式”的改造作用，并付出时间和精力把这些理念同他人分享的人。

在这里，我还要特别感谢汤姆·欧益（Tom Alyea）先生，在这三年多的时间里，您一直都是这场“不抱怨运动”的忠实支持者，您是上帝赐给我和这个世界的礼物。